U0142856

# 建廠工程專案管理

# Project Management for Process Plant Construction

方偉光——著

五南圖書出版公司 印行

推薦序一

# 本於專業、充滿熱情、跨域整合的建廠工程

方偉光總經理以三十年經驗，彙整了興建與營運焚化爐的深入經驗，以系統化且簡明扼要的風格，撰寫了這本看似操作手冊，實則充滿工匠精神與人生智慧的書籍，且已經在大學作為教科書。這本書不僅嘉惠學子，也為工程管理界的各領域與部門的朋友們，提供從大系統思維到小系統設計的概念與實務，不僅醍醐灌頂，也提供解決方案。

我與方總經理相識於國立臺灣大學工學院大學部的求學階段，方總經理是我的學長，他發揮化工專業的化學與系統工程核心專業，應用於環境工程領域，在臺灣焚化爐開發、興建與營運的歷程中，扮演了非常關鍵的角色，對臺灣整體的廢棄物管理貢獻良多。對我們的日常而言，這些焚化爐讓我們得以生活在沒有垃圾堆積的潔淨城市環境中。

從這本書的架構與內容，就能體會這潔淨的環境背後需要多少專業與用心。從建廠生命週期開始，討論可行性評估與前期規畫，逐步進入工程機電圖說設計、執照申請、專案管理，進而進入開工準備、預算管理與控制、建廠時程管理、計價控管、品質管理、風險管理等，甚至還有整廠輸出至海外建廠的計畫等。從最小到最大，從方法到心法，方總經理毫無保留，將自己所學的理論與珍貴的實務經驗娓娓道來，協助學生與專業人士學到建廠的優化，不僅達到目標，且控制成本與風險，避免各種料想不到的意外。

個人曾經在政府部門服務過數年，深知大型環境工程案件的建設若要如期如質如預算完工，難度相當高。我相信方總經理的這本書，對於促進公共工程的品質，甚至擴展我國的全球建廠布局，都有明顯的貢獻。我也

(4) 建廠工程專案管理

在書中看到了一位工程師以專業造福人群的堅持與熱情，非常推薦本書！

國立臺灣師範大學永續管理與環境教育研究所教授
前行政院政務委員、環保署政務副署長
葉欣誠

推薦序二

# 一本嘉惠學生及產業界工程人員的好書

本人於 2014 年至 2018 年擔任化學工程與材料工程學系主任，期間進行了系上課程結構的調整，主要方向在落實學用合一，強化學生的實務知識與專業職能。在重新審視大學部課程時，除了化工與材料相關專業課程外，本人認為有兩門課對工學院學生的訓練亦是非常重要，分別是「建廠工程實務」與「工程統計」，因此在本系的課程結構中增設此兩門選修課程，但是遲遲找不到相關專業教師來任教「建廠工程實務」，直至在大學同學的小孩婚宴中碰到方偉光總經理。在杯觥交錯、吃飯聊天之際，偉光提到想將自己三十多年之建廠工程經驗傳授給莘莘學子，本人正在苦惱找不到優秀且具專業與熱誠之業師來授課，趕緊順勢邀請偉光來淡江大學授課，偉光隨即通過學校三級三審擔任本系之兼任副教授，其課程大綱亦送外審，也受到校外委員的高度肯定。在此也要感謝偉光不計較微薄之鐘點費，遠道來淡水授課，讓眾多學子受惠。

偉光是我的大學同學，大學期間就一直熱心班上事務，曾擔任班代，從畢業至今三十多年來，偉光還是一直在協助班上同學們的聚會與聯絡，是一位古道熱腸、淳樸仁厚的人，同時其文筆流暢，能文能武。偉光於臺灣大學化學工程學系畢業，隨即在清華大學化學工程研究所取得碩士學位，畢業後在產業界服務，具有三十多年國內外建廠工程經驗，包括大型焚化廠、大型廢水處理廠、抽水站、掩埋場規畫與開發，同時超過十個以上工程專案係與國外工程師與公司合作。2010 年，偉光成立「九碁工程技術顧問有限公司」，擔任總經理職務，營業以來總計執行四十多個工程專案，曾經獲得「第五屆公共工程金質獎」以及「2022 國家卓越建設獎」。

偉光在工作與授課之餘，更是將之前十多篇與建廠管理相關的投稿文章與課程講義彙整成書，寫成這本《建廠工程專案管理》。這本書提供了所有建廠需要的相關專業知識與管理，一共有十四章，包括建廠工程的生命週期、可行性評估、工程法規、申請執照流程、專案管理、預算管理、時程控制、進度計算與計價管控、品質管理、文件資料及圖說管理、工地建造管理、機電資材管理、風險管理，以及文件自動化與管理資訊整合，同時舉例說明如何在預算內能夠如期如質來完成建廠工程，非常完整與周延。而本書除了內文以外，更在每章開頭都有「重點摘要」以及結尾時有「問題與討論」以供讀者複習。

建廠工程內容包羅萬象，包括電子廠、石化廠、抽水站、廢水處理廠、水泥廠、食品廠、發電廠、垃圾焚化廠等都是，而坊間卻甚少有建廠工程相關的書籍。偉光將畢生之建廠工廠實務經驗寫成本書，不僅能嘉惠有志於學習建廠工程知識的所有學生，同時也將會是產業界工程人員的一本重要參考與學習的書籍。

淡江大學化學工程與材料工程學系

董崇民

寫於五虎崗上 2023/12/30

# 自序

這一本建廠工程專案管理是我累積三十多年國內外建廠工程經驗，為了大學課程「建廠工程」及身負建廠專案重任或未來有意晉身建廠專案經理／督導的建廠工程師所寫的，內容涵蓋建廠工程的規畫設計、可行性評估、證照申請、預算、時程及圖說管理，以及建廠工地管理，包括開工及動工前準備工作、工地現場資材管理、品質管理，以及管理資訊整合等。

佛教經典《華嚴經》裡有一句名言：「不忘初心，方得始終」，意思是說只有堅守自己的本心和最初的信念，才能成就心願，功德圓滿。人生只有一次，生命無法重來，要記得自己的初心，經常回顧自己的來時路，回憶起當初為什麼啓程，想要往哪裡去；經常純淨自己的內心，給自己一雙澄澈的眼睛。不忘初心，才會找對人生的方向，才會堅定我們的追求，抵達自己的理想。

自小就對建築有興趣，當年考大學填志願時，本來要填國立成功大學建築學系當第一志願，因為家住臺北，聽從父親的話把國立臺灣大學工學院填在成大建築之前，誤打誤撞的進入國立臺灣大學化學工程學系就讀，當年國立臺灣大學化學工程學系課程排得很重，必修課修得很辛苦，化學的部分從普通化學、有機化學、分析化學、物理化學都要學，工程的部分包括材料力學、熱力學、工程數學、圖學、電工學等，更不要說還有化工系的核心科目質能平衡、單元操作、程序設計與程序控制等，把當時學習的時間填得滿滿的，系上選修的課程雖然很多，但因為必修課應修的課都來不及了，選修的課程自然時間有限。但是當時我還是特意選修了一門「建廠工程」課程，雖然只有 2 學分，但是是我上過最有趣的課程，有趣的地方在於整個課程，涵蓋了專案管理以及建廠過程整個流程概述，把我當年想念建築，蓋一棟漂亮的房子的初心又喚回來了，念化工系蓋不成房子，蓋一棟工廠也行，這一堂課，種下了我人生職場以結合化學工程專業、專案管理及美學景觀的興趣，從事後來三十多年焚化廠、汙（廢）水處理廠、汙泥乾燥廠等建廠工程的志業。

蓋一座廠房是一項跨領域的專案管理工程，且需要在一定的時間、一定的預算內達成，蓋一座大型製程工廠（Process Plant），更需要一個團隊，由建廠工程專案經理領軍，結合土木、製程、機電、管線等專業工程師，加上會計、文書檔案管理等後勤單位配合，才能順利完成，因此，「建廠工程」這個學門，需要靠人脈、靠傳承，以及靠經驗累積，才能畢其功於一役。

這一本書是我從事焚化廠、汙（廢）水處理廠建廠三十多年的經驗累積，自 2009 年起，以五年的時間投稿給《營建知訊》、《現代營建》等營建類雜誌十多篇跟建廠管理有關的刊登稿整理而成，2023 年因為董崇民系主任的協助，申請到淡江大學化學工程與材料工程學系教授「建廠工程」課，認為應該要彙整成書，才起心動念請五南圖書出版。

感謝淡江大學化學工程與材料工程學系董崇民系主任介紹我到淡江大學任教「建廠工程」這門課，間接催化了這本書的付梓，也要感謝舍弟方偉達副院長推薦五南圖書公司出版這本書，五南公司黃惠娟副總編、魯曉玟責任編輯及美工編輯群的協助，更是完成本書的臨門一腳，在此要特別感謝他們。

# CONTENTS
# 目　錄

# 第一章
# 建廠工程的生命週期

## 重點摘要

本書建廠工程是指製程工廠（Process Plant）的建廠工程專案，包括電子廠、石化廠、抽水站、廢水處理廠、水泥廠、食品廠、發電廠、垃圾焚化廠……等都是。這些工程有些為公共工程，事關民生福祉，有些為工業廠房，涉及到該事業產品的生產及營利目標，都需在一定的時程以及一定的預算內完成建廠，達成目標。為了完成整個建廠工程任務，首先必須了解到整個建廠工程是怎麼一回事，由什麼地方開始，需怎麼樣才能完成，這是建廠工程生命週期所要闡述的。

建廠工程概略可以分為四階段，最先從可行性評估及先期規畫開始，評估可行後開始進行設計作業及預算編定，預算經核定後進行招標作業，最後進入建廠工程的實質建廠的工地營建階段，整個建廠工程生命週期各參與單位應辦事項，請參閱次頁圖 1-1，詳細各階段應完成的事項如下：

## 第一節　建廠第一階段——可行性評估及先期規畫

建廠工程的開端，是從市場需求開始的，當市場對某項產品（如食品、水泥、3C 電子產品……等）或服務（如處理垃圾、處理廢水……等）有需求時，就是建廠工程生命週期的開始，此時需考慮是否該投資興建廠房，並安裝設備以製造相關的產品或服務。同時必須考慮到在哪裡建廠？費用需多少？需採購怎樣的設備？什麼時間才能建好？其預期投資效益爲何？這一連串的問題都涉及到專業，如果建廠業主對此專業並不熟悉時，應先遴選熟悉這個行業，且有工程專業背景的顧問公司進行調查及先期規畫，而顧問公司也需於此階段完成可行性評估報告。

建廠工程的生命週期

階段：先期規畫 → 計畫核准 → 邀標 → 建廠工程（設計／製造／交運／建造／安裝／試車）

階段性里程碑：確定規畫內容　建廠預算核准　選定建廠包商　工地動工　開始商業運轉

各階段重要工作

1. 業主工作計畫
   - ❖ 先期規畫預算核准
   - ❖ 選擇技術顧問公司
     - ‧尋找資金來源
     - ‧尋找技術來源
     - ‧尋找建廠土地
   - ‧建廠預算送請核准
   - ‧審查基本設計報告及技術規範
   - ‧開始招標作業
   - ‧取得土地
   - ❖ 審標／決標
   - ❖ 與決標廠商簽約
   - ‧工程督導與協調
   - ‧工程計價
   - ❖ 驗收

2. 顧問公司工作
   - ❖ 完成可行性評估報告
     - ‧法令評估
     - ‧技術評估
     - ‧財務評估
   - ❖ 完成基本設計報告及工程邀標書
     - ‧進行基本設計
     - ‧撰寫工程規範
     - ‧財務評估
   - ‧協助審標
   - ‧細部設計審查
   - ‧建廠各項計畫書審查
   - ‧工程監造
   - ‧計價審查
   - ‧試車及功能
   - ‧測試見證審查
   - ❖ 完成驗收報告

3. 建廠包商工作
   - ❖ 投標
     - ‧現場探勘
     - ‧計算建廠成本
     - ‧準備投標文件
   - ❖ 簽約／開工
     - ‧時程規畫
     - ‧品保／品管規畫
     - ‧採購發包
     - ‧細部設計／送審
   - ‧製造圖送審
   - ‧設備製造
   - ‧設備交運
   - ‧材料管控
   - ‧品質管控
   - ‧時程管控
   - ‧預算管控
   - ‧工安衛生
   - ‧試車
   - ❖ 完成竣工報告
     - ‧呈報完工

4. 工地現場工作
   - ‧地質鑽探
   - ‧地形測量
   - ‧整地工程
   - ‧土建建造工程
   - ‧設備管線安裝工程
   - ‧電氣儀控安裝工程
   - ‧單體試車
   - ‧系統試車
   - ‧整廠試車

圖 1-1　建廠工程生命週期全圖。

（方偉光技師／製圖）

許多政府的公共工程以及民間企業都會在開始規畫階段就遴選顧問公司協助進行先期規畫，有些甚至委託顧問公司進行的工作涵蓋後續的第二、第三、以及第四個階段，亦即包括後續的撰寫工程規範、協助招標、審標以及廠商得標後的監造工作。

而建廠工程第一個階段的主要應完成事項有以下四項（圖 1-2），分別爲：

1. 完成市場需求調查：包括市場需求分析、產品或服務之成本及售價分析。
2. 確定資金需求：包括資金總額概算以及其可能的來源。
3. 確定土地需求：包括所需土地的規模、土地可能的來源以及移轉可能。
4. 確定技術需求：包括建議建廠規模、技術來源，設備來源，以及是否有專利授權問題等調查。

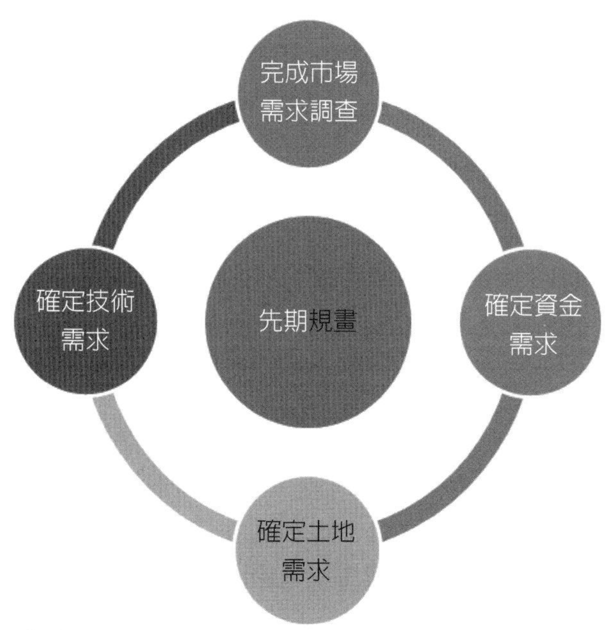


圖 1-2　建廠工程先期規畫至少應涵蓋的四項內容。
（方偉光技師／製圖）

當先期規畫完成後，需將規畫報告送請核定，完成第一個里程碑——確認規畫內容，其重要性在於確認整個建廠工程的規畫方向以及規模，當整個規畫內容確認後，即可進入第二個階段，開始分別就目標中的資金、土地來源進行進一步的洽商，以及建廠基本設計及規範研擬等技術問題的細節規畫及撰寫。

## 第二節　建廠第二階段——設計作業及預算編定

當規畫內容確認後，顧問公司即刻依據確認之內容，開始進行建廠工程基本設計。基本設計的目的在於完成設計後，可以更精確的編製預算，以及確認後續建廠工程的工程範圍。由於不同的建廠工程，顧問公司可以設計的深入程度不同。

一般而言，如果顧問公司是這個領域的專業公司，能完全掌握整廠的設計，則在這個階段，就可以直接由顧問公司完成至細部設計，如此一來有兩個好處，第一個是在第三階段進行工程邀標作業時，有建造實力但沒有設計能力的廠商也可以參與競標，可以藉由競爭而避免價格被少數建廠包商抬升。第二個好處是完成細部設計後，預算可以更精確的掌握。

但也有些建廠工程專案基於以下原因，無法在此階段就完成至細部設計：

1. 有些化學工廠製程爲專利，專利所有者提供的配套只包括至基本設計。
2. 有些工廠如火力電廠及垃圾焚化廠，廠內設備眾多且繁複，許多設備有不同的選型方案，如果業主在招標時就訂好細部設計，會有設備綁標的疑慮。
3. 對於較複雜的廠房，除非是整廠複製、整廠輸出，否則細部設計最好由建廠包商負責，以方便釐清責任。
4. 對於工期較緊的建廠專案，無法等到細部設計完成後才招標，此時可以先完成基本設計，立即選商建廠，細部設計可以和建造工作部分重疊進行以節省時間。

顧問公司在完成基本設計，甚至細部設計的同時，還要進行建廠技術規範的撰寫，同時並協助業主準備工程邀標書或招標文件。

在這個階段，除了顧問公司的工作是重點外，業主的工作也很吃重，包括土地的洽購或徵收，預算的報請核准，以及進行招標文件製作等作業。

總的而言，建廠工程第二個階段的主要應完成事項如下：

1. 完成基本設計及報告（甚至細部設計）。
2. 完成技術規範及招標文件。
3. 完成土地的洽購或徵收並取得土地。
4. 建廠預算送請核准。

當以上工作完成時，則達到第二階段里程碑——建廠預算核准。第二個階段應完成的工作雖然很多，但是最重要的工作是建廠預算核准。預算核准表示建廠財源有依據，可以立即進行至下一個階段。

## 第三節　建廠第三階段——工程招標

建廠工程的第三個階段是工程招標作業階段，在此階段，業主及顧問公司將已經準備好招標文件公告出去，邀請有資格的廠商參與建廠工程競標。一般投標廠商需準備的文件包括資格文件、技術文件以及價格文件。資格文件是指用以證明廠商已具相當建廠經驗、財力證明等文件，技術文件則包括招標文件要求檢附的計畫書、計算書、工程圖說以及型錄等文件，價格文件則是廠商投標的價格標單以及詳細工程價目表。至於競標的方式可以分成一段標、兩段標、甚至三段標的方式進行。一段標就是資格、技術、及價格標單在同一時間一起開封，當場審查各類文件。合於資格及技術的廠商互相來比價格，價格最低者得標（圖 1-3）。

一段標多用於已完成細部設計，且中小型的工廠。至於大型工廠，則一般需先審查資格文件，再審查技術文件。若兩者合併宣布合格者，就是兩段標。若最後才開價格標且分開宣布就是三段標。

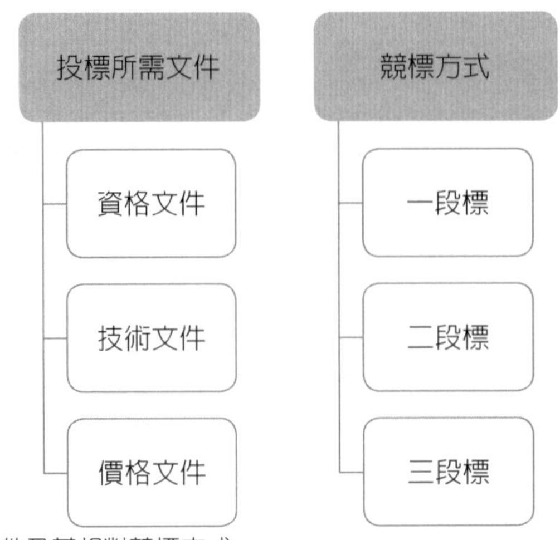

圖 1-3 投標所需文件及其相對競標方式。

於此階段，業主所需要做的是審標與決標，並與決標廠商簽約；而所委託之顧問公司則是必須完成基本設計報告及工程邀標書；得標之建廠包商需要做時程規畫、品保及品管規畫、採購發包、細部設計及送審；選定的工地現場則需要開始著手進行相關的整地工程。而此階段的里程碑爲選定建廠包商。

## 第四節 建廠第四階段——工地營建

此階段的第一個里程碑爲工地正式動工。於工地動工之前，業主這角色爲工程督導與協調及工程計價；而工地現場所需做的則是土建建造工程、設備管線安裝工程。

工地正式動工時，顧問公司需要工程監造、計價審查、試車及功能測試見證審查；建廠包商則需製造圖送審、設備製造、設備交運，同時還需要顧及材料管控、品質管控、時程管控、預算管控、工安衛生管控。之後進行試車及功能測試，最後達到最終里程碑——開始商業運轉。

## 問題與討論

1. 何謂建廠工程？
2. 建廠工程粗分可以分為哪幾個階段？
3. 建廠工程的可行性評估及先期規畫階段，應涵蓋哪些內容？
4. 一般工程招標，可以分幾段開標？為什麼這樣設計？
5. 何謂里程碑？建廠工程各階段應完成最重要的里程碑為何？

# 第二章
# 建廠工程可行性評估及先期規畫

## 重點摘要

建廠工程是否可行，有以下幾個面向：法令上是否允許此建廠工程在預定地點興建，技術上該如何選擇最佳化的製程及廠房配置，建廠期間資金該如何周轉，建廠預期之投資效益為何等等，都必須要有審慎的考量。因此無論是政府或企業主，在決定開始建廠前，必須請專業的顧問公司進行一系列的評估，包括法令評估、技術評估與財務評估等，呈給決策者做決策，其完成的報告統稱為可行性評估報告（Feasibility Study），是建廠前最重要的一份報告。

要完成可行性評估，通常一併要進行先期規畫，包括建廠的總平面配置，流程圖規畫，以及工廠製程規畫、建廠時程規畫，與財務概算編定等，本章為建廠工程先期規畫與可行性評估的詳細說明。

## 第一節　建廠工程可行性評估及先期規畫應有的內容

一個大型工廠的興建，從有構想及需求開始，到尋找建廠用地，尋求建廠技術及資金來源後開始建廠，到最後完工並順利操作運轉，所需的時間可能長達十年，且費用都很高，少則數億，多則高達數百億。這麼鉅額的費用支出，如果沒有妥善的規畫與評估就開始進行，遇到問題時才想辦法解決，其所造成的結果往往是建廠時程延宕、經費超過預算，或營運不如預期，無法達到原定的投資報酬率，嚴重的甚至計畫被迫終止，所投入的資金無法回收，造成投資者巨大的損失。

建廠工程的先期規畫的主體，主要圍繞土地來源、技術來源與資金來源三個面向。當此三者都確定，或者至少有目標對象後，緊接著就針對此三者進行評估，評估的依據爲當地的法令、建廠所需之技術條件，所需資金以及建廠各項財務參數調查結果，由法令、技術與財務交互分析建廠土地、技術與資金來源，最終可以完成一份涵蓋法令可行性、技術可行性以及財務可行性的可行性報告。透過專業顧問公司完成的可行性報告，企業主或投資者可以充分了解在某預定廠址擬建立的工廠，在法令上與技術上是否可行，完成後預期的效益或投資報酬率爲何，並依此作最後的決策。當建廠決策定案後，相關的投資計畫即可送當地主管機關取得建廠項目許可，然後才能開始正式的建廠工程（圖 2-1）。

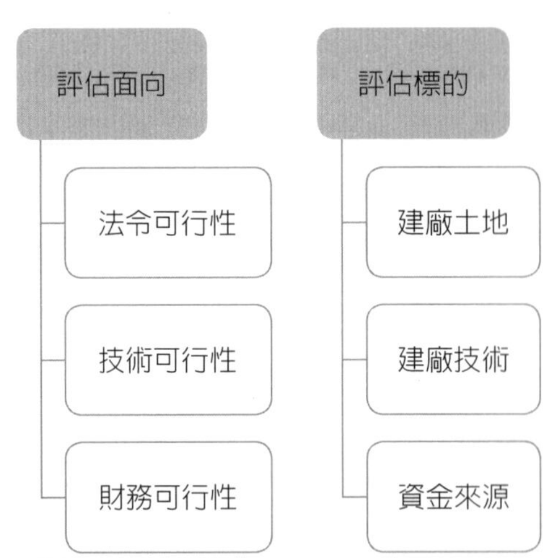


圖 2-1　可行性評估的評估面向及評估標的。
（方偉光技師／製圖）

以下各節就一份可行性報告以及先期規畫報告應涵蓋的內容，作一個說明。

由於各種建廠工程特性不同，其所關心的課題也不同，因此下述內容僅爲概略性的介紹，可以分階段各自評估，也可以合併一次進行，其中條列的各項目盡可能詳盡以僅供檢核時參考，但仍需視實際需求再做增減與調整。

## 第二節　法令可行性評估

法令可行性評估包括建廠當地的環境、地政與投資法令如何適用於建廠的調查與評估，是進行可行性評估的第一步，內容包括以下項目：

### 一、環境法令評估及環境調查

**1. 環境影響評估**

不同國家及地區的環境政策並不一樣，一般先進國家都會要求大型工廠或汙染性工廠在建造前，需先進行環境影響評估。因此，業主在計畫最初時，就要先了解此廠興建時，是否需通過環境影響評估才能興建，若是，則需聘請專業顧問公司先進行環境影響評估。

**2. 環境法令調查**

空氣汙染排放標準：包括 SOx, NOx, HCl, Dust, CO, 戴奧辛，重金屬，揮發性有機物。

廢水排放標準：包括 BOD, COD, SS, 氨氮及各產業製程可能排放之毒性物質排放限制。

噪音排放標準：包括工廠周遭每日各時段噪音與震動限制標準。

毒性物質管制標準：包括工廠原料或廢棄物屬於毒性物質的管制程序與標準。

**3. 環境敏感地區（保護區）限制評估**

不同國家有不同的環境敏感地區限建的法令限制，業主必須針對可能的建廠用地，評估並避免在水質水量保護區、特定農產區、古蹟、國家公園、特定野生動物或植物保護區、保安林、軍事管制區及飛航管制區建立廠區。

## 二、地政法令評估及建廠用地地籍及產權調查

### 1. 山坡地開發與水土保持計畫評估

建廠用地是否屬於山坡地，是否有山坡地開發之限制，是否需依法令進行水土保持計畫審查。

### 2. 土地地籍及產權調查

建廠預定用地的地籍必須先調查，業主或其委託評估單位應先至地政機關查詢建廠預定用地的地籍資料，了解其所在區位、範圍、概略面積、所屬地目，以及是否有鄰接道路或計畫道路。此外，預定用地產權必須清楚，在購買土地前，應先查證相關土地權狀，確認簽約人即爲土地所有權人或授權人，且該土地沒有抵押等負擔。

### 3. 地目變更及土地使用限制調查

建廠用地若非屬於該地區都市計畫之所屬地目用地（如電子廠用地應在工業區或特定區，焚化廠應在環保特定用地）時，應評估是否可以依程序申請地目變更，並詳細調查其申請程序。同時應與地主先簽訂同意書，等地目變更完成後才付款價購。此外，有些土地有使用上的限制，如有些土地屬於飛航管制區，有建築物高度限制，無法興建原規畫高度的煙囪或廠房，都應詳細調查評估。

### 4. 土地使用年限調查

有些共產主義及社會主義國家，土地爲國有，私人企業使用有 50 年或 70 年不等的使用年限，已開發的土地使用年限不同，其價值亦不同，事先應先調查清楚。

## 三、投資與稅務法令評估及投資適用條款調查

### 1. 獎勵投資相關法令評估（減免營利事業所得稅）

無論在臺灣或在海外其他國家建廠投資，都應評估是否有相關的獎勵投資法令可以適用，有些是爲了吸引高科技廠房，有些是爲鼓勵 BOT 投資者，至於鼓勵的方式有的是建廠後若干年內免徵營利事業所得稅，有的

是允許建廠費用的攤提在稅務上可以特別融通，各地不同，方法也不一而足，需要有會計師或財務專家協助調查。

**2. 適用進口設備免稅相關法令評估（減免進口關稅）**

除了在未來營運上的所得稅減免上可能有優惠外，有些國家及地區會在進口設備的關稅上予以優惠（如環保設備進口免關稅），這些優惠都應予以事先評估。

### 四、專利與著作權法令評估

在評估一個新廠房的興建案時，對於此廠房所使用的製程（Process）及設備，應先評估是否有專利上的問題，未來建廠時是否需要專利授權，其費用是否已列入建廠成本中。至於著作權的問題較小，但未來所有技術文件及圖說等，仍有是否可以複製及重複使用等著作問題需經授權。

## 第三節　技術可行性評估

當法令可行性初步完成後，接著就要依據環境及地政法令以及相關的調查結果進行技術可行性評估。技術可行性評估包括內容如圖 2-2。

### 一、建廠容量

建廠容量的決定是建廠工程技術評估的第一步，在決定整個建廠規模與容量時，業主應綜合評估現在以及未來整個產品市場的需求量與需求趨勢，及土地、技術與資金的籌措展望，參考專業顧問意見，決定最適當的建廠容量。建廠容量決定後，還需評估各生產線的容量，即全廠要設計幾個生產線。

以日處理量 900 噸垃圾的焚化廠而言，可以規畫 2 線，每線 450 噸 / 日，也可以規畫 3 線，每線 300 噸 / 日。規畫 2 線的好處是所需建廠經費較省，但一爐停爐維修時，處理量降到 50%，規畫 3 線建廠經費較高，但好處是一爐停爐時，還有 67% 的處理量，到底如何取捨改進應行評估。

建廠容量

製程敘述

製程選擇及評估

用地條件及用地取得評估

用地地形測量及地質鑽探

廠址環境調查

汙染防制設備選擇及評估

水電公用設施評估

社會環境及民意調查

廠房規畫及初步配置

建廠成本估算及分析

技術風險評估

圖 2-2 技術可行性評估包括的內容。
（方偉光技師／製圖）

## 二、製程敘述

每一個工廠都有其特殊的製程或方法（Process），且每一種製程都有該專業領域的技術（Know How）在其中。在興建某類型工廠，若有不同的製程可以達到相同的產量及品質時，業主在必要時應該請專業的顧問公司詳細描述不同的製程，並比較不同製程的優劣，同時應蒐集不同製程的商業運轉經驗以及數據來加強可行性報告的可信度。

爲了讓技術以及非技術人員都能了解整個工廠的製程，可行性報告撰寫者在製程敘述的章節應詳細描述每一個製程的系統與個別單元（Unit）的功能與操作條件，並繪製流程圖來表達整個製程的流程。有些很重視設備配置的工廠，可行性報告需則包括各系統與單元的初步配置。有些工廠如電廠、焚化廠，其產出是電能，爲了其後經濟效益評估能有依據，因此可行性報告的技術評估最好能附一張典型（Typical）的質能平衡計算結果，作爲其後經濟效益評估的依據。

## 三、製程選擇及評估

如果建廠工程中的製程方法（Process），並非只有唯一選擇，而是有兩種以上的系統或方法應用在此工廠上，可以達到相同的功能目標。此時在可行性評估時期，專業顧問公司應廣泛收集資料，就此不同的製程選擇，評估其整體安全性是否可行、其建造成本及操作運轉成本等是否較低等，並進行各項優缺點分析，最後完成評估。以下爲考慮重點（圖2-3）：

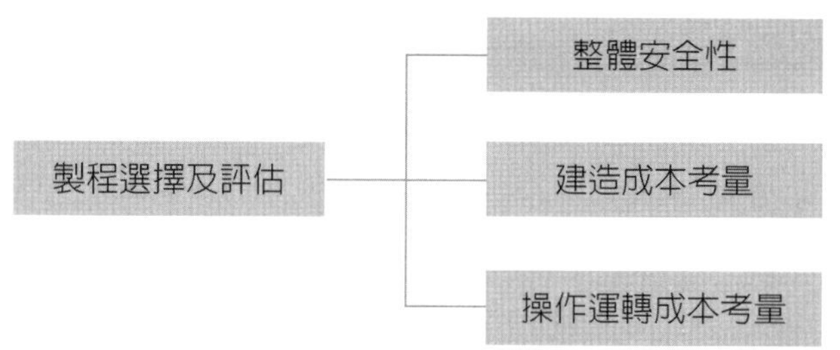


圖 2-3　製程選擇及評估要項。
（方偉光技師／製圖）

### 1. 整體安全性

(1) 應有商業運轉經驗。

(2) 若僅有實驗廠（Pilot Plant）成功經驗則需說明於哪個國家或城市與其實驗規模，並分析規模放大（Scale Up）或商業運轉時可能的風險。

(3) 操作上是否有潛在的爆炸、當機等風險。

(4) 最後應有結論，其建造及運轉是否可行。若不可行，應明確說明其不可行的理由，以及可替代的其他方案。

2. **建造成本考量**

(1)製造成本是否較低。

(2)安裝成本是否較低。

(3)安裝時程是否較短。

3. **操作運轉成本考量**

(1)製程安全性是否較佳。

(2)設備使用穩定性及產品穩定性（良率）是否較佳。

(3)使用年限是否較久。

(4)維修人力物力是否較少。

(5)操作人力是否較少。

(6)使用藥品是否較少，是否對環境較無負擔。

(7)產生廢棄物是否較少。

(8)回收能源是否較多。

## 四、用地條件及用地取得評估（圖2-4）

1. **用地取得沒問題**

無論是國有地或私有地，在用地取得時都要確認其產權所有人及土地承租戶都已同意建廠用地使用的移轉約定。

2. **是否有至少寬八公尺以上的聯外道路**

建廠用地必須有至少八公尺寬的聯外道路或計畫道路，且必須於資金投入建廠前完成所有權移轉，否則很容易被地主刁難。

用地條件及用地取得評估

用地取得沒有問題

是否有至少寬八公尺以上的聯外道路

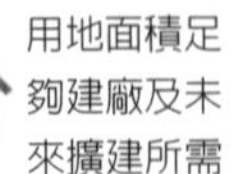

用地面積足夠建廠及未來擴建所需

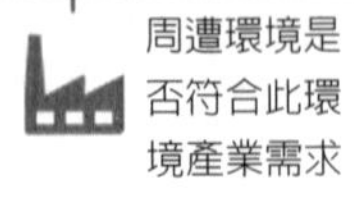

周遭環境是否符合此環境產業需求

廠址是否有自然災害

圖 2-4　用地條件及用地取得應進行的評估。
（方偉光技師／製圖）

3. **用地面積足夠建廠及未來擴建所需**

用地面積不只考慮此廠房所需，應考慮未來若有擴廠需求時，其可能的用地面積爲何。

4. **周遭環境是否符合此產業需求**

用地取得是建廠工程很關鍵性的一步，在評估建廠用地時，需多方面考慮，並以下述條件來檢核：

(1)當地的政局是否穩定，其基礎工業及基礎建設是否已達一定水準。

(2)鄰近製程所需原料。

(3)鄰近終端用戶。

(4)鄰近製程所需冷卻水。

(5)鄰近研發人才。

(6)鄰近上下游產業鏈。

(7)鄰近廉價操作人力。

5. **場址所在地是否常有自然災害**

建廠所在地是否有自然災害，如水災、旱災、颱風、龍捲風、地震、以及震動等，應列入建廠評估中。若廠址所在地有天災的可能性時，在廠房建築的設計上，必須特別注意，如廠址地基高程需高於過去所有紀錄的洪水水位等。

## 五、用地地形測量及地質鑽探

1. **地形測量**（圖2-5）

目的在確認用地範圍、高程以及現有地面物，以作爲基本設計時廠房配置的基準。完成地形測量後，要繪製地形圖時，最好能跟地政單位申請地籍圖，並將兩者一起套繪比較，以確認整個廠址範圍與地籍資料一致。

圖 2-5 工程地形測量。
（九碁工程技術顧問有限公司提供）

2. **地質鑽探**（圖2-6）

目的在判斷廠址的地質條件如何，地下水位高度如何，地質條件是否足以承載廠房。有些廠址經鑽探後若認定地質條件很好，不需基樁，只需筏式基礎或地梁基礎時，可以省下可觀的基樁打設費用，建廠工期也可以節省 1～3 個月。某些廠址需打設基樁時，一般的設計要求都會要求打設的樁腳需深入到地底岩盤上，因此地質鑽探報告需提供岩盤深度的相關資訊。

圖 2-6　建廠工程開始前應進行地質鑽探。
（九碁工程技術顧問有限公司提供）

由於地質鑽探所需花費較高，因此在廠房選址階段，通常只鑽 1～2 孔，以確認地質條件及岩盤深度，藉以判斷土地條件是否適宜建廠，是否需打樁，打樁深度需多少。在選擇打樁位置時，應選擇廠房內最重的設備，如電廠的鍋爐、汽輪發電機等的位置。

## 六、廠址環境調查

在可行性報告中，撰寫者應親自至現場進行初步的環境探勘與調查，調查的重點包括施工廠址現況、未來工廠的交通進出動線、可排放廢水線路、施工水電來源、並將其評估結果列入報告。

此外，於先期規畫時，還需調查以下項目：

1. 廠址當地各月平均溫度、最高溫度、最低溫度。
2. 廠址當地電壓使用標準（110 V/220 V/380 V/460 V，頻率為 50 HZ 或 60 HZ）。
3. 廠址當地水源報告，評估是否為硬水。
4. 廠址當地雨季及下雨紀錄。

## 七、汙染防治設備選擇及評估

汙染防治設備是每一個製程工廠（Process Plant）必須要設置的。各製程工廠可能產生的汙染不一而足，但不外乎空氣汙染、水汙染、固體廢棄物及噪音與震動汙染。因此如何針對其汙染設置汙染防治設備，也是可行性評估報告需提及的內容。

當建廠廠址選在工業區或科學園區時，工廠生產的廢水經初步處理後，可能可排放到鄰近區域的廢水處理廠進行後續處理，否則必須在工廠內設置廢水處理廠，另工廠生產的廢棄物是否能在當地有代處理業或回收廠處理，抑或必須在工廠內設置焚化爐處理，亦需於建廠初期就先調查、評估。

當汙染防治設備的設置占了建廠成本超過 10% 時，汙染防治設備的選擇也就相對重要。顧問公司應針對此類工廠可能產生的汙染以及針對此類汙染，其應該選擇的汙染防制設備作評估。在進行汙染防治設備的選擇及評估時，應比照製程設備的評估方式，評估其整體安全性、建造成本及操作運轉成本以進行分析比較，提出建議方案。

## 八、水電公用設施評估：用水品質、用電穩定性

建廠廠址所在地的水電公用設施是否完備，符合營運需求，亦為建廠初期規畫很重要的考慮因素。

在電力供應上，許多工廠，尤其是化工廠以及電子廠特別要求電力供應必須穩定，如果驟然斷電，許多製程上的半成品都會成爲廢料，嚴重的連反應爐都需重新清理後重新啓爐，其損失會達臺幣千萬以上，因此大型廠房幾乎都自備發電機並設置不斷電系統，即使如此，當地供電是否充裕，穩定性是否高，仍然是評估重要項目之一。

在用水供應上，幾乎所有的工廠也都需要來源穩定的水，有些水用在冷卻，有些水用在一般清洗，有些水則需經再處理及純化後用在製程上，如電廠、焚化廠的鍋爐或電子廠的元件清洗等，都需要用到高品質的超純水，此時廠內需設置一套純水處理設備。無論如何，取得一份廠址當地水質的成分分析報告是有必要的，由分析報告中可以評估水源是否可用，以及廠內純水處理系統的設備應如何設計才能符合需求。

## 九、社會環境及民意調查

一般建廠工程若有進行環境影響評估時，社會環境及民意調查是其中重要的項目之一，尤其是較有爭議性的電廠、垃圾焚化廠等，都需對廠址附近的社會生態與民意反映等進行分析調查，以作爲是否適宜在此設廠重要的評估依據。若是建廠前不需進行環境影響評估時，在可行性評估階段，應在可行性分析報告中部分章節敘述相關的社會環境及民意動向，並判斷民意是否會成爲反對建廠的關鍵因素。

## 十、廠房規畫及初步配置

在建廠初期規畫及可行性評估時，需進行廠房初步配置，其目的在確認其用地取得足夠所需，無論是設備配置或物流動線都可以符合未來營運需求。因此，在可行性報告中，應將主要設備配置至廠房中，完成廠房初步配置圖列入報告本文或附件中。

廠房規畫及初步配置後，一般都會請顧問公司繪製 3D 圖，以便讓決策單位很容易了解整個建廠樣貌。圖 2-7 爲建廠 3D 圖案例。

圖 2-7　建廠 3D 圖案例。
（新北市蘆洲鴨母港溝補注水處理廠，九碁工程技術顧問有限公司提供）

## 十一、建廠成本估算及分析

當工廠廠址、製程、及廠房配置確定後，即可進行較精確的建廠成本估算，此估算的結果，一方面作爲財務可行性分析的建廠成本，另一方面則可作爲建廠預算，呈給決策階層作爲建廠決策的依據。由於尚未進行設計，沒有工程數量可以詳細評估，但此建廠成本評估仍可參考類似廠房建廠費用，另依據規畫的樓地板面積，仍可以盡可能的預估建廠成本。

## 十二、技術風險評估

如果此建廠工程在工程技術上有任何風險時，可行性報告撰寫者應根據專業判斷提出其風險評估報告，提醒決策者注意，例如廠址地質過於軟弱，廠址所在地電力供應可能不足，採用的製程有事故紀錄……等。

## 第四節　財務可行性評估

在進行可行性分析報告中的財務可行性分析時，評估者通常都藉由試算表軟體（如 Microsoft Excel）先建立一個建廠財務分析模型（Financial Analysis model），藉由輸入相關的財務參數（涵蓋各項成本及收益的各項參數），可以試算出整個建廠工程的投資效益。因此財務可行性報告完成後，也可以直接給股東或給銀行作爲其審閱依據的投資計畫書。由計畫書或報告中應得到的評估結論，最重要的有兩項，一項是內部投資報酬率（Internal Rate of Return），一項是投資設廠預期可行（或不可行）的財務報表（損益表、資產負債表及現金流量表）。

一個完整的財務可行性報告需包括以下的內容：

**1. 產品市場分析**

當建廠工程決定要興建前，通常都是透過相關的市場調查及分析後，依據趨勢顯示此工廠或工廠產品在市場上有需求，進而提出建議，建議應新覓廠址以擴大產能，同時並建議其建廠容量。其相關的分析在財務可行性報告上應予敘述。

**2. 產品單位成本及定價分析**

由於建廠財務分析模型在建立時，其產品的成本及售價會影響到銷售利潤，進而影響到內部投資報酬率，因此在財務可行性報告中，應進行單位成本分析及定價策略分析，並以市場需求分析此產品定價是否合理，讓財務分析模型所計算出來的內部投資報酬率更有可信度。

**3. 投資效益分析**

要藉由建廠財務分析模型（圖 2-8）來計算投資效益時，需輸入許多參數，主要應輸入的參數分成兩大類，分別是成本類及收益類，其中成本類又分成建廠成本（輸入參數包括土地費用、設計費用、建廠費用及建廠其他費用）；操作營運成本（輸入參數包括人事費、材料費、水電費、稅賦及操作營運其他費用）；取得資金成本（輸入參數包括股東投入金額、借貸金額、借貸利率、償還年限）等三種成本，收益則是建廠完成後預期

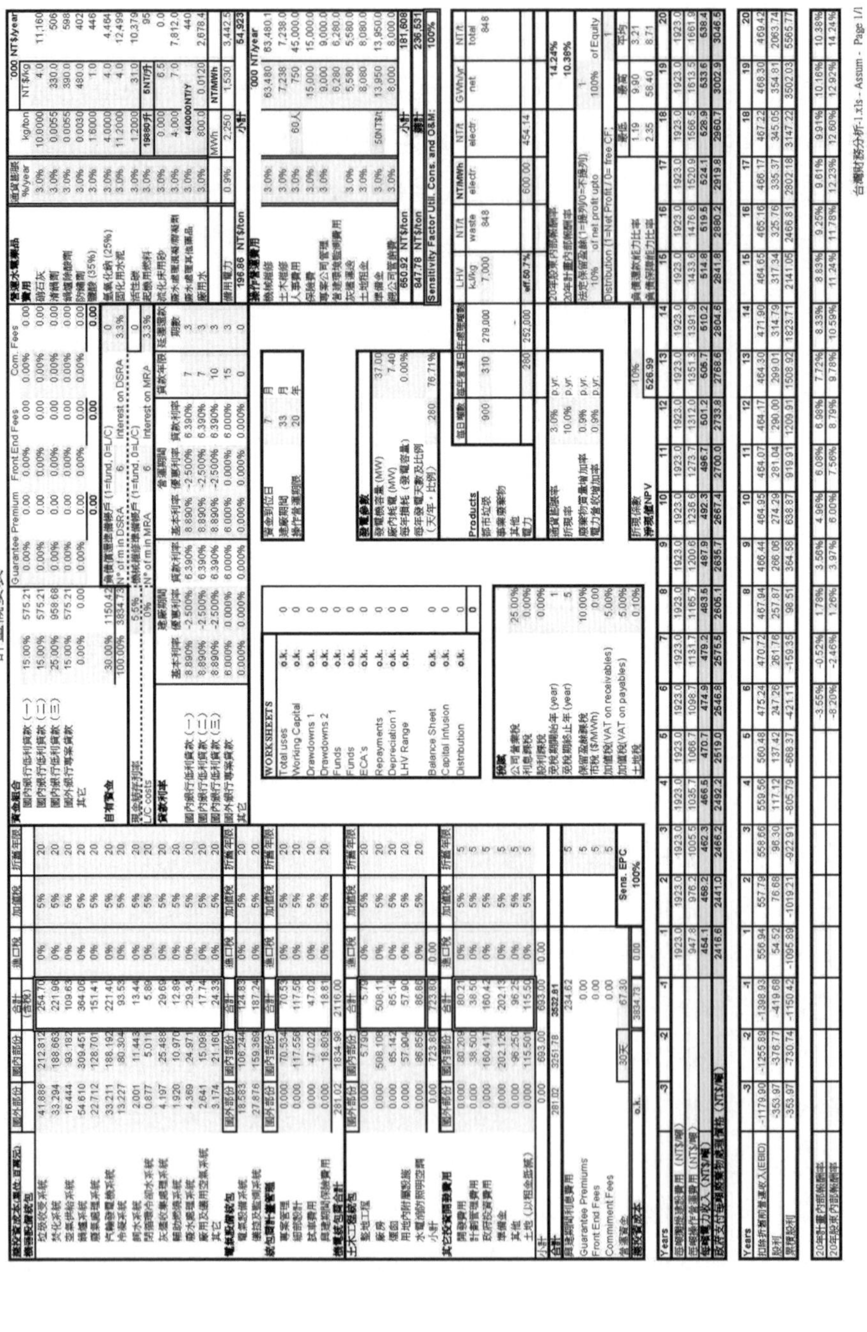

台灣BOT垃圾焚化廠計畫財務分析範例

計畫概要表

| 總投資成本(單位:百萬元) | 國外部份 | 國內部份 | 合計 | 進口稅 | 加值稅 | 折舊年限 |
|---|---|---|---|---|---|---|
| 機電設備統包 | | | (含稅) | | | |
| 垃圾收受系統 | 41.888 | 212.812 | 254.70 | 0% | 5% | 20 |
| 焚化系統 | 33.294 | 188.663 | 221.96 | 0% | 5% | 20 |
| 空氣供給系統 | 16.444 | 93.182 | 109.63 | 0% | 5% | 20 |
| 鍋爐系統 | 54.610 | 309.451 | 364.06 | 0% | 5% | 20 |
| 廢氣處理系統 | 22.712 | 128.701 | 151.41 | 0% | 5% | 20 |
| 汽輪發電機系統 | 33.211 | 188.192 | 221.40 | 0% | 5% | 20 |
| 冷凝系統 | 13.227 | 80.304 | 93.53 | 0% | 5% | 20 |
| 飼水系統 | 2.001 | 11.443 | 13.44 | 0% | 5% | 20 |
| 閉循環冷卻水系統 | 0.877 | 5.011 | 5.89 | 0% | 5% | 20 |
| 灰渣收集處理系統 | 4.197 | 25.488 | 29.69 | 0% | 5% | 20 |
| 輔助燃燒系統 | 1.920 | 10.970 | 12.89 | 0% | 5% | 20 |
| 廢水處理系統 | 4.369 | 24.971 | 29.34 | 0% | 5% | 20 |
| 廠用及儀用空氣系統 | 2.641 | 15.098 | 17.74 | 0% | 5% | 20 |
| 其它 | 3.174 | 21.160 | 24.33 | 0% | 5% | 20 |
| 電氣設備統包 | 國外部份 | 國內部份 | 合計 | 進口稅 | 加值稅 | 折舊年限 |
| 電氣設備系統 | 18.583 | 106.244 | 124.83 | 0% | 5% | 20 |
| 儀控及監視系統 | 27.876 | 159.369 | 187.24 | 0% | 5% | 20 |
| 統包商計畫管理 | 國外部份 | 國內部份 | 合計 | 進口稅 | 加值稅 | 折舊年限 |
| 專案管理 | 0.000 | 70.534 | 70.53 | 0% | 5% | 20 |
| 細部設計 | 0.000 | 117.556 | 117.56 | 0% | 5% | 20 |
| 試車費用 | 0.000 | 47.022 | 47.02 | 0% | 5% | 20 |
| 興建期間保險費用 | 0.000 | 18.809 | 18.81 | 0% | 5% | 20 |
| 機電統包商合計 | 281.02 | 1834.98 | 2116.00 | | | |
| 土木工程統包 | 國外部份 | 國內部份 | 合計 | 進口稅 | 加值稅 | 折舊年限 |
| 整地工程 | 0.000 | 5.790 | 5.79 | 0% | 5% | 20 |
| 廠房 | 0.000 | 508.108 | 508.11 | 0% | 5% | 20 |
| 煙囪 | 0.000 | 65.142 | 65.14 | 0% | 5% | 20 |
| 用地內附屬設施 | 0.000 | 57.904 | 57.90 | 0% | 5% | 20 |
| 水電消防照明空調 | 0.000 | 86.856 | 86.86 | 0% | 5% | 20 |
| 小計 | 0.00 | 723.80 | 723.80 | 0.00 | | |
| 其它投資開發費用 | 國外部份 | 國內部份 | 合計 | 進口稅 | 加值稅 | 折舊年限 |
| 開發費用 | 0.000 | 80.209 | 80.21 | 0% | 5% | 5 |
| 計劃管理費用 | 0.000 | 38.500 | 38.50 | 0% | 5% | 5 |
| 政府投資費用 | 0.000 | 160.417 | 160.42 | 0% | 5% | 5 |
| 準備金 | 0.000 | 202.126 | 202.13 | 0% | 5% | 5 |
| 其他 | 0.000 | 96.250 | 96.25 | 0% | 5% | 5 |
| 土地（以租金抵減） | 0.000 | 115.501 | 115.50 | 0% | 5% | 5 |
| 小計 | 0.00 | 693.00 | 693.00 | 0.00 | | |
| 合計 | 281.02 | 3251.78 | 3532.81 | | | |
| 興建期間利息費用 | | | 234.62 | | | 5 |
| Guarantee Premiums | | | 0.00 | | | 5 |
| Front End Fees | | | 0.00 | | | 5 |
| Commiment Fees | | | 0.00 | | | 5 |
| 營運資金 | | 30天 | 67.30 | | Sens. EPC | |
| 總投資成本 | o.k. | | 3834.73 | 0.00 | 100% | |

| 資金組合 | | | Guarantee Premium | | Front End Fees | | Com. Fees | |
|---|---|---|---|---|---|---|---|---|
| 國內銀行低利貸款（一） | 15.00% | 575.21 | 0.00% | 0.00 | 0.00% | 0.00 | 0.00% | 0.00 |
| 國內銀行低利貸款（二） | 15.00% | 575.21 | 0.00% | 0.00 | 0.00% | 0.00 | 0.00% | 0.00 |
| 國內銀行低利貸款（三） | 25.00% | 958.68 | 0.00% | 0.00 | 0.00% | 0.00 | 0.00% | 0.00 |
| 國外銀行專案貸款 | 15.00% | 575.21 | 0.00% | 0.00 | 0.00% | 0.00 | 0.00% | 0.00 |
| 其它 | 0.00% | 0.00 | 0.00% | 0.00 | 0.00% | 0.00 | 0.00% | 0.00 |
| | | | | 0.00 | | 0.00 | | 0.00 |
| 自有資金 | 30.00% | 1150.42 | 償債償還準備帳戶 (1=fund, 0=L/C) | | | | | 0 |
| | 100.00% | 3834.73 | N° of m in DSRA | 6 | Interest on DSRA | | | 3.3% |
| 現金結存利率 | 5.5% | | 機械維修準備帳戶 (1=fund, 0=L/C) | | | | | 0 |
| L/C costs | 0% | | N° of m in MRA | 6 | Interest on MRA | | | 3.3% |

| 貸款利率 | 建廠期間 | | | 營運期間 | | | 貸款年限 | 延遲還款 |
|---|---|---|---|---|---|---|---|---|
| | 基本利率 | 優惠利率 | 貸款利率 | 基本利率 | 優惠利率 | 貸款利率 | | 期數 |
| 國內銀行低利貸款（一） | 8.890% | -2.500% | 6.390% | 8.890% | -2.500% | 6.390% | 7 | 3 |
| 國內銀行低利貸款（二） | 8.890% | -2.500% | 6.390% | 8.890% | -2.500% | 6.390% | 7 | 3 |
| 國內銀行低利貸款（三） | 8.890% | -2.500% | 6.390% | 8.890% | -2.500% | 6.390% | 10 | 3 |
| 國外銀行專案貸款 | 6.000% | 0.000% | 6.000% | 6.000% | 0.000% | 6.000% | 15 | 3 |
| 其它 | 0.000% | 0.000% | 0.000% | 0.000% | 0.000% | 0.000% | 0 | 0 |

| 營運水電藥品 | 通貨膨脹 | | | '000 NT$/year |
|---|---|---|---|---|
| 費用 | %/year | kg/ton | NT$/kg | |
| 硝石灰 | 3.0% | 10.0000 | 4.0 | 11,160 |
| 清鍋劑 | 3.0% | 0.0055 | 330.0 | 506 |
| 鍋爐除酸劑 | 3.0% | 0.0055 | 390.0 | 598 |
| 防鏽劑 | 3.0% | 0.0030 | 480.0 | 402 |
| 鹽酸 (35%) | 3.0% | 1.6000 | 1.0 | 446 |
| 氫氧化鈉 (25%) | 3.0% | 4.0000 | 4.0 | 4,464 |
| 固化用水泥 | 3.0% | 11.2000 | 4.0 | 12,499 |
| 活性碳 | 3.0% | 1.2000 | 31.0 | 10,379 |
| 起機用燃料 | 3.0% | 19880升 | 5NT/升 | 95 |
| 流化床用砂 | 3.0% | 0.000 | 6.5 | 0.0 |
| 廢水處理混凝/膠凝劑 | 3.0% | 4.000 | 7.0 | 7,812.0 |
| 廢水處理其他藥品 | 3.0% | 440000NT/Y | | 440 |
| 廠用水 | 3.0% | 800.0 | 0.0120 | 2,678.4 |
| | | MWh | NT/MWh | |
| 備用電力 | 0.9% | 2,250 | 1,530 | 3,442.5 |
| 196.86 NT$/ton | | | 小計 | 54,923 |
| 操作營運費用 | | | | '000 NT/year |
| 機械維修 | 3.0% | | 63,480 | 63,480.1 |
| 土木維修 | 3.0% | | 7,238 | 7,238.0 |
| 人事費用 | 3.0% | 60人 | 750 | 45,000.0 |
| 保險費 | 3.0% | | 15,000 | 15,000.0 |
| 專案公司管理 | 3.0% | | 9,000 | 9,000.0 |
| 營建環境監測費用 | | | 6,280 | 6,280.0 |
| 灰渣運送 | 3.0% | | 5,580 | 5,580.0 |
| 土地租金 | 3.0% | | 8,080 | 8,080.0 |
| 準備金 | 3.0% | 50NT$/t | 13,950 | 13,950.0 |
| 總公司管銷費 | 3.0% | | 8,000 | 8,000.0 |
| 650.92 NT$/ton | | | 小計 | 181,608 |
| 847.78 NT$/ton | | | 總計 | 236,531 |
| Sensitivity Factor Util. Cons. and O&M: | | | | 100% |

| WORKSHEETS | | |
|---|---|---|
| Total uses | o.k. | 0 |
| Working Capital | o.k. | 0 |
| Drawdowns 1 | o.k. | 0 |
| Drawdowns 2 | o.k. | 0 |
| Funds | o.k. | 0 |
| Funds | o.k. | 0 |
| ECA's | o.k. | 0 |
| Repayments | o.k. | 0 |
| Depreciation 1 | o.k. | 0 |
| LHV Range | o.k. | 0 |
| Balance Sheet | o.k. | 0 |
| Capital Infusion | o.k. | 0 |
| Distribution | o.k. | 0 |
| | | 0 |

| 資金到位日 | 7 | 月 |
|---|---|---|
| 建廠期間 | 33 | 月 |
| 操作營運期限 | 20 | 年 |

| 稅賦 | |
|---|---|
| 公司營業稅 | 25.00% |
| 利息釋稅 | 0.00% |
| 股利釋稅 | 0.00% |
| 免稅期開始年 (year) | 1 |
| 免稅期終止年 (year) | 5 |
| 保留盈餘釋稅 | 10.00% |
| 市稅 ($/MWh) | 0.00 |
| 加值稅(VAT on receivables) | 5.00% |
| 加值稅(VAT on payables) | 5.00% |
| 土地稅 | 0.10% |

| 發電參數 | | |
|---|---|---|
| 發電機容量 (MW) | | 37.00 |
| 廠內耗電 (MW) | | 7.40 |
| 每年損耗（發電容量） | | 0.00% |
| 每年發電天數及比例 | | |
| （天/年，比例） | 280 | 76.71% |

| Products | 每日噸數 | 每年營運日 | 年處理噸數 | LHV | NT/t | NT/MWh | NT/t | GWh/yr | NT/t |
|---|---|---|---|---|---|---|---|---|---|
| | | | | kJ/kg | waste | electr. | electr. | net | total |
| 都市垃圾 | 900 | 310 | 279,000 | 7,000 | 848 | | | | 848 |
| 事業廢棄物 | | | | | | | | | |
| 其他 | | | - | | | | | | |
| 電力 | | 280 | 252,000 | eff.50.7% | | 600.00 | 454.14 | | |

| 通貨膨脹率 | 3.0% | p.yr. |
|---|---|---|
| 折現率 | 10.0% | p.yr. |
| 廢棄物費量增加率 | 0.9% | p.yr. |
| 電力營收增加率 | 0.9% | p.yr. |

| 折現係數 | 10% |
|---|---|
| 淨現值NPV | 526.99 |

| 20年股東內部報酬率 | | | | 14.24% |
|---|---|---|---|---|
| 20年計畫內部報酬率 | | | | 10.38% |
| 法定保留盈餘(1=提列/0=不提列) | | | | 1 |
| 10% | of net profit upto | | 100% | of Equity |
| Distribution (1=Net Profit / 0= free CF; | | | | 1 |
| | | 最低 | 最高 | 平均 |
| 負債還款能力比率 | | 1.19 | 9.90 | 3.21 |
| 負債保障能力比率 | | 2.35 | 58.40 | 8.71 |

| Years | -3 | -2 | -1 | 1 | 2 | 3 | 4 | 5 | 6 | 7 | 8 | 9 | 10 | 11 | 12 | 13 | 14 | 15 | 16 | 17 | 18 | 19 | 20 |
|---|---|---|---|---|---|---|---|---|---|---|---|---|---|---|---|---|---|---|---|---|---|---|---|
| 每噸攤提建設費用（NT$/噸） | | | | 1923.0 | 1923.0 | 1923.0 | 1923.0 | 1923.0 | 1923.0 | 1923.0 | 1923.0 | 1923.0 | 1923.0 | 1923.0 | 1923.0 | 1923.0 | 1923.0 | 1923.0 | 1923.0 | 1923.0 | 1923.0 | 1923.0 | 1923.0 |
| 每噸操作營運費用（NT$/噸） | | | | 947.8 | 976.2 | 1005.5 | 1035.7 | 1066.7 | 1098.7 | 1131.7 | 1165.7 | 1200.6 | 1236.6 | 1273.7 | 1312.0 | 1351.3 | 1391.9 | 1433.6 | 1476.6 | 1520.9 | 1566.5 | 1613.5 | 1661.9 |
| 每噸電力收入（NT$/噸） | | | | 454.1 | 458.2 | 462.3 | 466.5 | 470.7 | 474.9 | 479.2 | 483.5 | 487.9 | 492.3 | 496.7 | 501.2 | 505.7 | 510.2 | 514.8 | 519.5 | 524.1 | 528.9 | 533.6 | 538.4 |
| 政府支付每噸廢棄物處理價格（NT$/噸） | | | | 2416.6 | 2441.0 | 2466.2 | 2492.2 | 2519.0 | 2546.8 | 2575.5 | 2605.1 | 2635.7 | 2667.4 | 2700.0 | 2733.8 | 2768.6 | 2804.6 | 2841.8 | 2880.2 | 2919.8 | 2960.7 | 3002.9 | 3046.5 |

| Years | -3 | -2 | -1 | 1 | 2 | 3 | 4 | 5 | 6 | 7 | 8 | 9 | 10 | 11 | 12 | 13 | 14 | 15 | 16 | 17 | 18 | 19 | 20 |
|---|---|---|---|---|---|---|---|---|---|---|---|---|---|---|---|---|---|---|---|---|---|---|---|
| 扣除折舊前營運收入(EBID) | -1179.90 | -1255.89 | -1398.93 | 556.94 | 557.79 | 558.66 | 559.56 | 560.48 | 475.24 | 470.72 | 467.94 | 466.44 | 464.95 | 464.07 | 464.17 | 464.30 | 471.90 | 464.65 | 465.16 | 466.17 | 467.22 | 468.30 | 469.42 |
| 股利 | -353.97 | -376.77 | -419.68 | 54.52 | 76.68 | 96.30 | 117.12 | 137.42 | 247.26 | 261.76 | 257.87 | 266.06 | 274.29 | 281.04 | 290.00 | 299.01 | 314.79 | 317.34 | 325.76 | 335.37 | 345.05 | 354.81 | 2063.74 |
| 累積股利 | -353.97 | -730.74 | -1150.42 | -1095.89 | -1019.21 | -922.91 | -805.79 | -668.37 | -421.11 | -159.35 | 98.51 | 364.58 | 638.87 | 919.91 | 1209.91 | 1508.92 | 1823.71 | 2141.05 | 2466.81 | 2802.18 | 3147.22 | 3502.03 | 5565.77 |

| | -3 | -2 | -1 | 1 | 2 | 3 | 4 | 5 | 6 | 7 | 8 | 9 | 10 | 11 | 12 | 13 | 14 | 15 | 16 | 17 | 18 | 19 | 20 |
|---|---|---|---|---|---|---|---|---|---|---|---|---|---|---|---|---|---|---|---|---|---|---|---|
| 20年計畫內部報酬率 | | | | | | | | | -3.55% | -0.52% | 1.78% | 3.56% | 4.96% | 6.08% | 6.98% | 7.72% | 8.33% | 8.83% | 9.25% | 9.61% | 9.91% | 10.16% | 10.38% |
| 20年股東內部報酬率 | | | | | | | | | -8.20% | -2.46% | 1.26% | 3.97% | 6.00% | 7.56% | 8.79% | 9.78% | 10.59% | 11.24% | 11.78% | 12.23% | 12.60% | 12.92% | 14.24% |

台灣財務分析-1.xls - Assum - Page 1/1

圖 2-8　建廠財務可行性分析範例。

（臺灣 BOT 垃圾焚化廠，九碁工程技術顧問有限公司提供）

的收益，應輸入的參數包括產品售價，產品銷售量及其他收益額。當所有的成本及收益都考慮到，並將預期每月的相關支出費用及收入費用列在試算表中後，由試算表中的 IRR 函數，可以算出內部投資報酬率 IRR。

在財務可行性報告中，應將各項成本及收益的輸入參數列出，並簡要敘述其數據取得來源，最後列出計算所得之各年的內部投資報酬率。企業主或股東可以視此投資報酬率決定是否投資建廠。銀行也視此投資報酬率及計畫的可行性決定是否提供專案融資。

由於建廠期間都只有支出，沒有收入，只有建廠完成後開始有產出時，才開始有銷售收入，因此建廠期間及營運初期，其內部投資報酬率 IRR 都是負值，一般大型工廠投資案，都要到建廠完成開始營運後 2～7 年（視各種產業不同），IRR 才開始爲正值，亦即這一年達損益平衡。之後 IRR 值應繼續計算至建廠完成 20～30 年後，亦即預期關廠時間爲止。

至於計算出來的 IRR 值應該要達到多少才是一個可以投資的建廠案，需視各個產業及其建廠與營運風險而定，有的建廠案風險小，建廠 10 年後 IRR 值若可達 10% 時，就可以投資。有的建廠案風險大，不確定因素仍然很多，此時評估報告計算出的 IRR 值即使 5 年後已達 30% 甚至更高，企業主或股東還是會考慮是否值得投資。

#### 4. 建廠資金取得

無論建廠計畫如何詳盡，內部投資報酬率如何高，但若無建廠資金來源，一切都是白費。因此，在建廠規畫初期，規畫者應有腹案如何取得建廠資金，如果是私人企業，其資金主要來源可能爲企業內提撥預算、股東增資、或是銀行借貸。如果是公營企業或公共工程，則必須尋找預算來源，或是提報概算送立法機構核准。

前述的資金籌措，大概可區分爲自有資金與銀行借貸，自有資金與銀行借貸比例各個專案均不同，一般自有資金至少要占 20% 以上，不足的部分採取銀行融資。向銀行融資有兩個好處，其一是銀行融資可以挹注建廠資金流量需求，其二是相對較低的融資利率可以增加股東內部報酬率

IRR 值。很多企業都盡可能的利用銀行融資來建廠，以擴大其內部投資報酬率，此方法也是一般常見的財務槓桿原理應用。

5. **營運財務規畫**

建廠後工廠營運的預期財務收入及支出，會影響到投資報酬率，因此在財務可行性報告中必須有所說明及分析。由於在計算 IRR 的過程中，需要將建廠期間以及營運期間各月或各季的所有成本支出以及收益金額詳細列表計算，而通常在列表的過程中，會依據一般會計原則予以分類歸納，並以建廠期間以及營運後 10 年內或 20 年內每年的預期資產負債表，損益表以及現金流量表等三種報表爲代表，表達出未來整個工廠的營運財務規畫。

6. **財務風險評估及敏感度分析**

任何的投資計畫都有風險，一個負責任的計畫擬定者或報告撰寫者，都應該詳實的把計畫可能產生的風險列出來，並作適當的分析。由投資者自行決定是否承擔此風險，投入此建廠計畫。此外，可行性報告中還應該檢附財務計畫的敏感度分析（圖 2-9）。所謂敏感度分析是指將幾個比較重要、會影響到內部投資報酬率的參數作不同百分比的變化，看投資報酬率會因此改變多少。例如建廠成本增加 10% 時，經過分析模型計算，IRR 將降低 5%，建廠時間延長 1 個月時；IRR 將降低 1%，產品預期銷售量減少 10% 時，IRR 將降低 2%……等等。由敏感度分析可以了解各項風險所產生的影響。

## 第五節　後續應進行的工作

1. 向主管機關申請建廠工程所需相關執照（建築執照、工廠設立登記證……各地所需不同）。
2. 請顧問公司進行基本設計，甚至細部設計。
3. 請顧問公司準備建造廠商投標文件（Invitation to Bid），並邀請廠商投標。

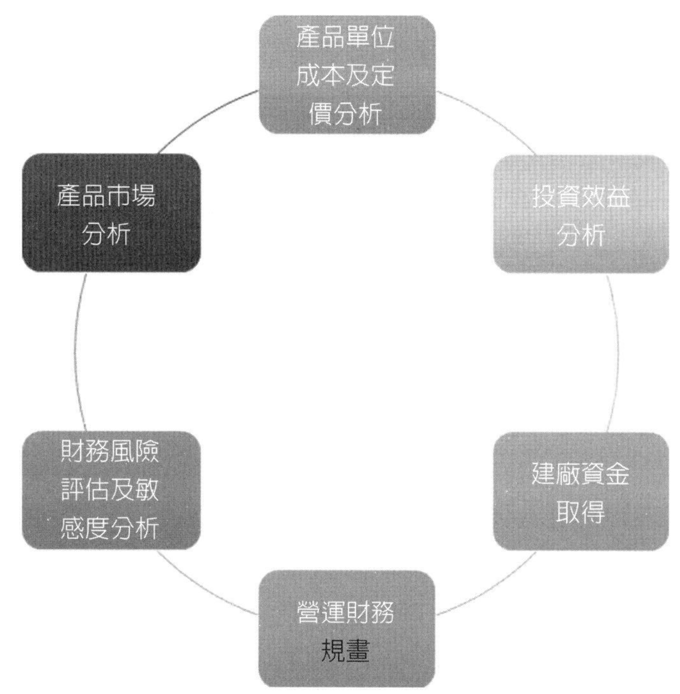


圖 2-9　財務可行性分析應涵蓋內容。
（方偉光技師／製圖）

等到廠商投標過程結束，選定建廠廠商後，接下來才是建廠工程眞正開始的時候。

## 問題與討論

1. 建廠工程之前，為什麼要先進行可行性評估？
2. 可行性評估應該要有哪些內容？
3. 法令可行性評估須包括哪些評估？
4. 技術可行性評估應包括哪些內容？
5. 財務可行性評估應涵蓋哪些項目？
6. 完成可行性評估後，如何做出是否應建廠，以及該如何建廠的結論？

# 第三章
# 工程機電圖說的設計整合與管理

## 重點摘要

建廠工程主要的特色是以機電設備管線為主體工程，土木建築為配合工程；且因期間的機電系統複雜，在設計階段，機、電、儀、土木之間的設計整合非常重要。在工程施工前完成一套正確而詳實完整的設計圖送達工地據以施工，不但可以縮短施工時間，還可以避免因設計不佳造成的施工錯誤及重做等問題發生，進而可以節省建廠經費。

尤其是在石化廠、電廠或焚化廠建廠工程，因其管線複雜，常發生因機、電、儀與土建設計整合不佳，造成施工時管線衝突而無法繼續施作，必須等待設計修正；甚至完成的工作必須拆除重做的情形發生，此類問題常造成管線工程超出預算甚至達 30% 以上，不可不特別注意。

建廠工程的設計進程分成概念設計、基本設計、細部設計及製造圖或施工圖設計等階段，產出的設計圖依據不同專業，有土木建築圖、流程圖、機械設備圖、管線配置圖、電氣圖、儀控圖、通風空調圖、消防系統圖、景觀圖、以及道路排水等圖說，這些圖說都需要設計整合，整合成整套建廠工程設計圖說。

## 第一節　建廠設計流程

大體而言設計流程大約可以分為四個歷程，如圖 3-1。

概念設計 → 基本設計 → 細部設計 → 製造圖及施工圖設計

圖 3-1　建廠工程設計階段的四個歷程。
（方偉光技師／製圖）

1. 概念設計（Conception Design）。
2. 基本設計（Basic Design）。
3. 細部設計（Detail Design）。
4. 現場或工廠製造圖及施工圖設計（Shop Drawing Design）。

其中概念設計主要目的在界定建廠工程的工作範圍確認其可行性，同時訂定流程並據此提出建廠概算。基本設計主要是建廠技術（Know How）擁有者或者工程設計公司，根據其設計理念訂定全廠設備管線及儀電等之規格，同時完成初步的配置設計，並據此彙整出建廠預算。細部設計則是基本設計的延續，一方面根據基本設計繼續後續較細部的配置設計，一方面則根據專業設備廠商的回饋資料修正或補充基本設計不足的部分。現場或工廠製造圖設計則是專業廠商在其製造工廠內，或是設備安裝廠商在工地現場，依據製造或安裝需求所需進行的設計。

此四個設計歷程應該進行的設計圖說及表格請參閱次頁圖 3-2 及圖 3-3。其中圖 3-2 爲機械及管線工程各階段設計流程，圖 3-3 爲儀電工程各階段設計流程。以下則參照這兩張圖，繼續分階段詳述建廠工程機電圖說的設計流程整合與管理等各課題。

## 第二節　概念設計

以建廠工程而言，在決定建廠前業主（通常是企業主，或是政府工程發包單位）通常須先請顧問公司進行可行性研究。顧問公司會從財務、製程選擇、技術評估、廠址選擇、設備選型等進行一系列的評估；最後完成一份可行性分析報告。概念設計基本上是依據可行性研究的結果作初步的規畫，再加上基本規範，其主要目的在訂定工程架構及工程概算，同時也作爲遴選後續基本設計及細部設計顧問公司進行設計的依據；或是作爲發包給建廠統包商選商時合約條文訂定的依據。

概念設計階段至少應包括了以下圖說：

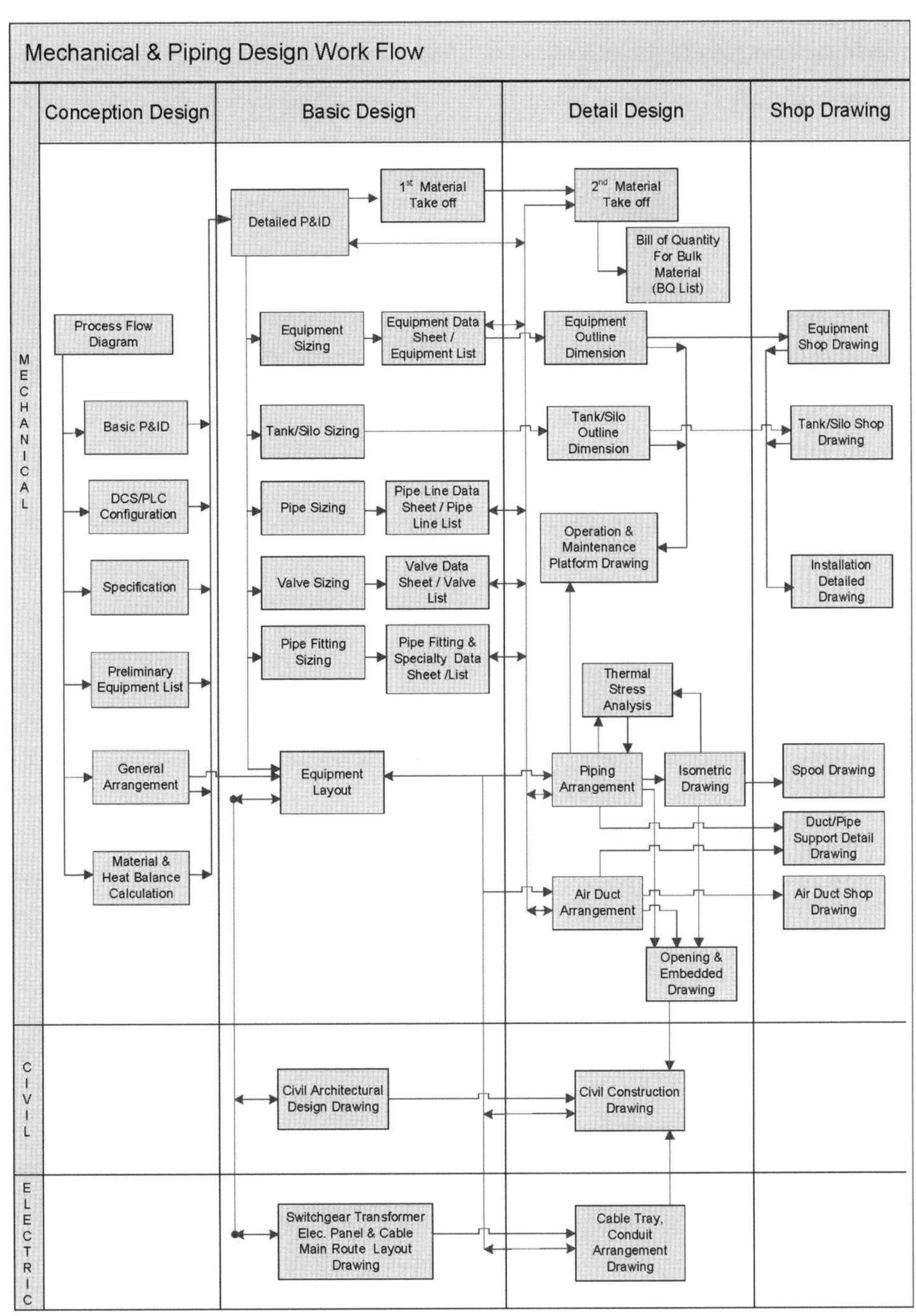


圖 3-2 機械管線各設計歷程的作業流程。
（方偉光編製）

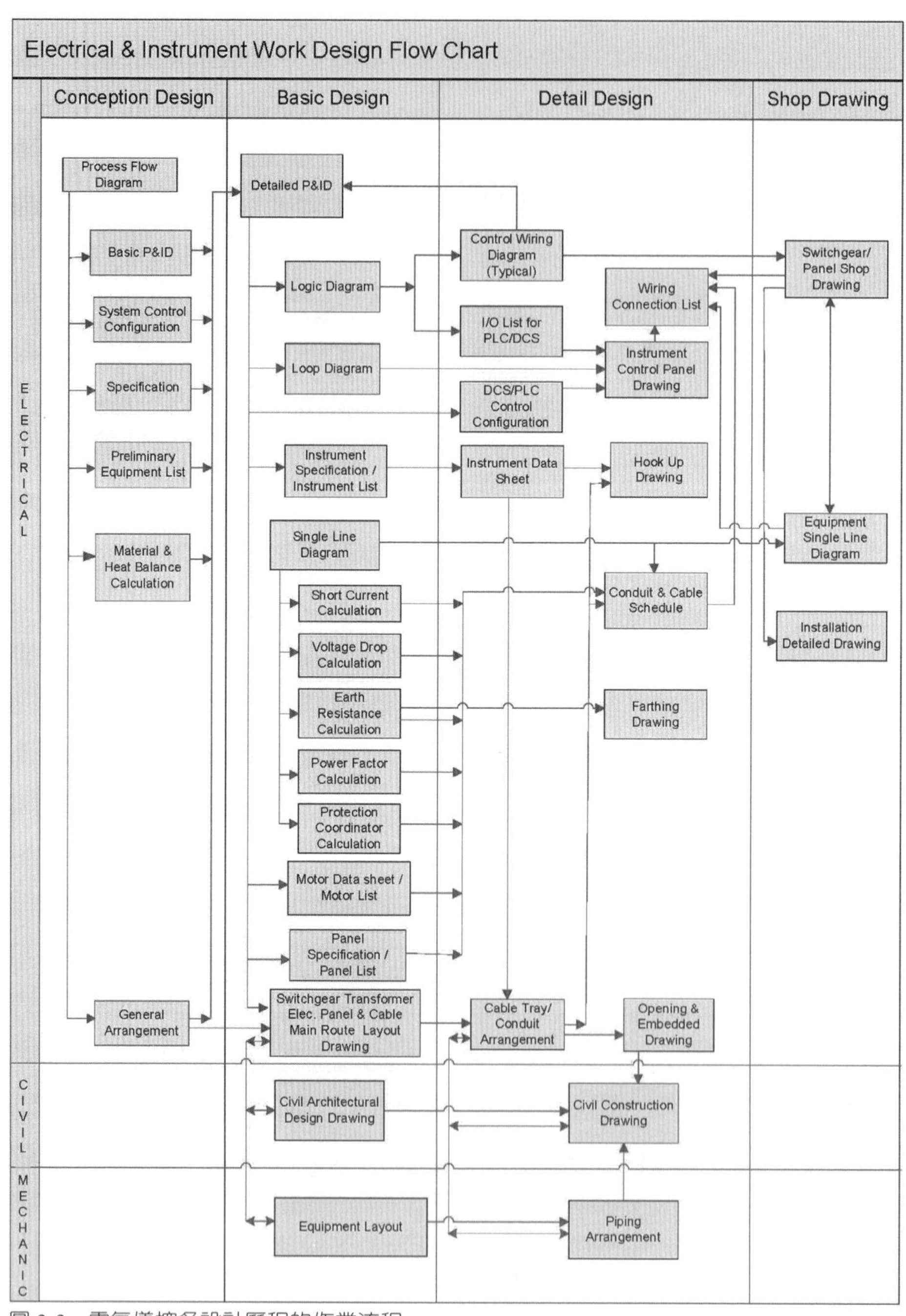


圖 3-3　電氣儀控各設計歷程的作業流程。
（方偉光編製）

1. 程序流程圖（Process Flow Diagram）。
2. 初步管儀圖（Basic P&ID）。
3. DCS/PLC 控制架構（DCS/PLC Configuration）。
4. 基本規範（Specification）。
5. 初步設備清單（Preliminary Equipment List）。
6. 初步設備配置（General Arrangement）。
7. 質能平衡計算（Material & Heat Balance Calculation）。

其中程序流程圖（圖 3-4）通常用一張方塊流程圖（Block Diagram）或是程序流程圖（Process Diagram）來表示，每一個方塊或圖像代表一種程序（Process）或系統（System），整個工廠的製程由程序流程圖中可以一目了然。接著各系統的細節由方塊流程圖再發展出初步管儀圖（Basic P&ID）來表達。初步管儀圖應繪出所有重要設備、管線及重要儀表，也要能表達出基本控制架構，同時經過質能平衡計算後應在圖中列出重要設備的規格。

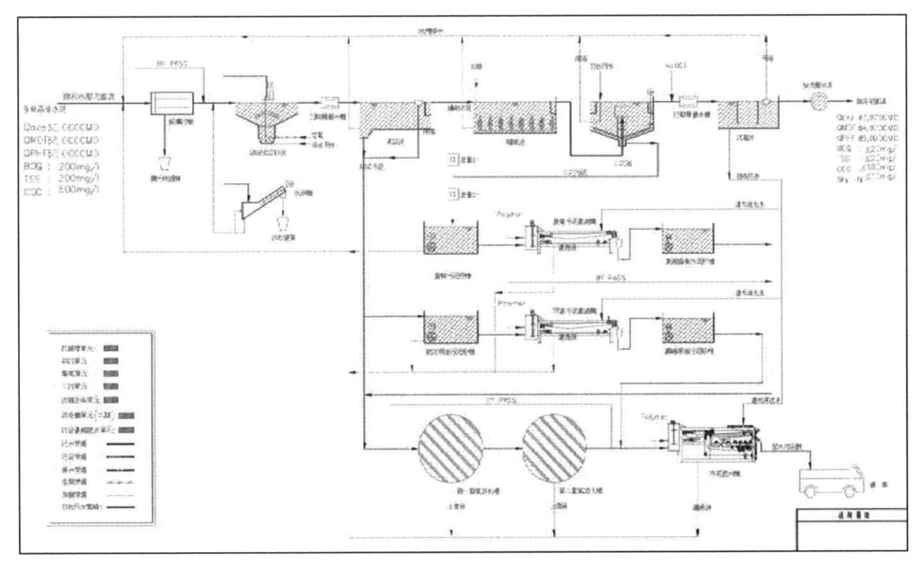

圖 3-4　程序流程圖。
（九碁工程技術顧問有限公司提供）

概念設計階段也應依據設備規格大小進行初步設備配置設計，以確保廠址或廠房大小足供建廠使用。建廠工程概念設計階段中另外一份很重要的文件就是質能平衡計算。質能平衡計算應依據程序流程圖及初步管儀圖進行所有流程的質量與能量平衡計算。質量平衡計算包括相關原物料、燃料、中間產物、及最終產品的消耗或產出進行整體計算，能量平衡計算則整合質量計算結果，依據熱力學第一及第二定律計算出整個製程各個流線（Stream）的溫度壓力及流量。

在概念設計階段，主要是由方法工程師（Process Engineer）負責，必要時諮詢機械及儀電工程師，但相關設計並未分流。此外若此製程方法（Process Know How）或專利（Patent）屬於某家公司或廠商，當他出售整個設計配套（Package）給企業主建廠時，概念設計階段可以省略，直接進入基本設計階段，所有的製程方法（Process Know How）都在基本設計報告內全部涵蓋。

# 第三節　基本設計

## 一、機械及管線工程基本設計

到了基本設計階段，才是建廠工程設計真正開始的時候。

基本設計階段，最重要的就是管儀圖，初步設計階段應完成的管儀圖（Detail P&ID）裡應包括：

1. 全廠的設備（Equipment）。
2. 管線（Pipes）及管線上所有的閥件（Valves and Fittings）。
3. 儀錶（Instrument），包括在設備上、管線上及控盤上的儀表。
4. 重要的控制需求，包括 PLC（可程式控制器）或 DCS（分散式控制系統）（圖 3-5）。

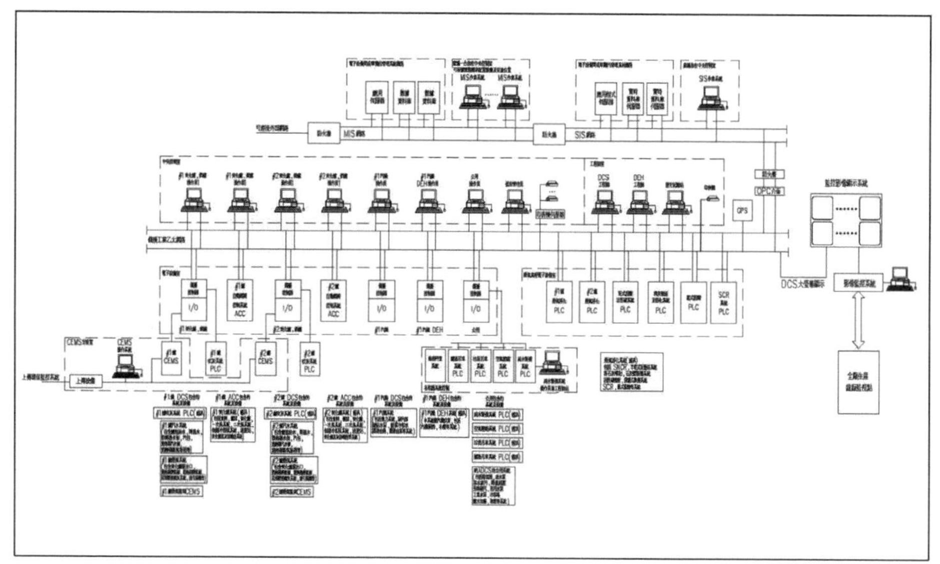


圖 3-5　全廠分散式控制系統（DCS）架構圖。
（九碁工程技術顧問有限公司提供）

管儀圖是整合建廠工程圖說中，最重要的圖說（圖 3-6）。其中設備的選型（Sizing），管線的選型（大小、口徑、材質的選擇），以及閥件、儀錶的選型，控制方法及控制盤體所在位置（現場控制或遠端中央控制）等都會標示在圖中。亦即所有製程中的硬體及軟體（控制邏輯）及製程方法都應在管儀圖中清楚的表達。

管儀圖不是一個人也不是一天，一週或是一個月就能完成的，他是由方法工程師（Process Engineer）主導，機、電儀等各專業工程師配合，才能完成。並且完成後還要不斷的根據各種回饋資料（Feed back）進行檢討修正，一直要到建廠完成前還在進行。亦即管儀圖先是由方法工程師採取由上而下（Top down）的方式主導規畫，並交付機電儀及專業設備廠商工程師接手後續的設計執行。在其後的設計過程中再不斷的由下而上（Bottom up）回饋資料進行整合、檢討與修正，直至建廠完成，作成竣工圖才算完成。

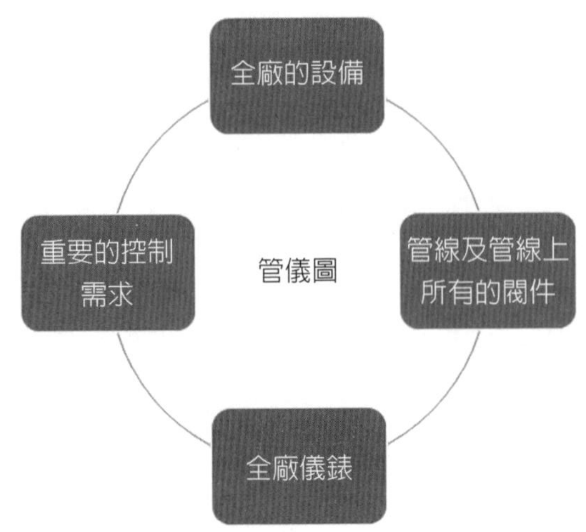


圖 3-6　管儀圖（P&ID Diagram）應涵蓋內容。
（方偉光技師／製圖）

設計細節檢討修正主要的原因包括如下：

1. **專業廠商的回饋資訊**

由於管儀圖內容需包括所有製程細節，又必須在基本設計一開始的階段就進行，因此初步規畫的資料交給採購部門發包時，屬於專業設備廠商才會設計的部分會先以虛線標示「By Vendor」（由廠商提供資料），等設備專業廠商得標開始設計後，設備專業廠商根據規範及管儀圖的基本要求進行設計，並將廠商的設計資料回饋給設計部門修訂管儀圖。

2. **專業部門的回饋資訊**

由於設計是一個團隊在進行，需考量的地方很多。即使是兩個完全一樣製程的工廠，在不同的地方建廠也會因爲廠址限制、廠房不同、氣候不同、設備廠牌不同，或業主要求不同而有不同。不論是機械、電氣、儀表，甚至土建工程師，依據其專業進行後續設計時，其專業意見都會回饋給方法工程師修正管儀圖。

3. **建造部門的回饋資訊**

設計工作完成後，拿到工地施工時，仍然會有一些與現況不符的地方需要修正，有一些是設計瑕疵，有一些是配合工地現場需求作調整。在施工過程中，建造部門會持續與設計部門連繫，進行圖說的澄清與資訊的回饋。

一個建廠工程案一開始的時候，建廠統包商的專案經理就會針對整廠設備進行分標評估（Subcontracting Evaluation），並在基本設計一開始的時候就先確認質能平衡計算，進行初步分標及分標工程範圍界定（Scope of Supply for Subcontractor），先完成大型及核心設備選型，並即刻進行後續選商工作，因爲大型及核心設備生產日程較長，需要預留較長的時間讓廠商開始製造。

進行基本設計的同時，設備及管線工程師也在配合管儀圖的發展，進行設備及管件的選型，以及大宗材料的初步估算，重點如下：

1. **設備及管件選型**

隨著管儀圖的發展，方法工程師或者設備、管線工程師也要隨著專案經理訂定的主要時程表（Master Schedule）跟著進行所有設備、筒槽、管線、閥件，及管件等的選型（Sizing）。所謂的選型，是一個選擇設備／管件型式及其容量尺寸大小概括性的說法，說明如下：

(1) **泵的選擇**

在選型階段就要決定採取何種泵，並訂出泵的規格，可能的泵種類有：

①離心式泵（Centrifugal Pump）。

②往復式（Reciprocatingpump）。

③沉水式（Submersible pump）。

④單軸螺旋式（Mono Pump）。

同時還需計算出其揚程及馬力大小，並初步訂出設備需求，完成設備規格書（Data Sheet）。

(2) **管線的選擇**

管線工程師在選型的過程中必須知道此管線中流體的化學性質（流

體是否會腐蝕管材，是否會與某些材料產生爆炸反應），及物理性質（管材必須承受流體最高溫度及壓力），以完成管線材料的選擇；並依據質能平衡計算的結果，查出此管線中流體的最大流量，同時依據設計規範建議的流速，計算此管線的尺寸。管線工程師還必須查出此管線中流體的最大壓力，依據設計規範，查出採用此尺寸管線時，管材的厚度（Pipe schedule）。當管線工程師完成所有管線材料的選型後，將結果製成表格即爲管線清單（Pipe List，又稱 Line List）。

(3)**閥件的選擇**

根據前述同樣的設計流程，由管線工程師依據流體性質及製程需求，選擇閥件的型式，材料及其尺寸，將全廠閥件選型結果製作閥件清單（Valves List），以及管件與特殊管料（Pipe fitting and specialty）的選型，完成管件與特殊管料清單（Pipe fitting and specialty list）。

2.**大宗材料初步採購計畫**

一般建廠工程中，管材、閥件、管件與特殊管料等，我們通稱爲大宗材料（Bulk Material）。爲了節省預算，同時易於掌控時程，此類大宗材料通常採取統一設計，統一採購，安裝時也找一家安裝包商統一安裝的方式進行。因此，基本設計完成後，設計部門會將管材清單，閥件清單，管件與特殊管料清單交給採購部門，擬定大宗材料初步採購計畫（First material take off）。此大宗材料初步採購計畫擬定的目的有二：

(1)由於一些特殊控制閥及特殊合金鋼管線材料從合約研擬簽訂，到製造廠商備料工廠生產、船運交貨等要將近 6 到 9 個月以上，從訂貨到交貨時程很長，因此此類閥件材料須先確認並先行採購。

(2)依據材料清單先行調查大宗材料商其供應工廠的排程，並與其初步議價，決定是否要先簽約生產各類大宗材料約 70% 的量，其目的在先預定好工廠排程，確認建廠過程的材料供應無問題，同時也可依據材料期貨市場的價格，決定簽約生產的時間。剩下來約 30% 的材料量等到細部設計完成，並確認材料最終數量後再行採購。

由於基本設計階段，大部分的設計都是設計單位的主觀設計，尚未與承攬的專業廠商進行確認，因此所有由管儀圖發展出來的設備材料清單跟管儀圖一樣都還要在細部設計階段繼續更新修正直至工程完工爲止。

最後，機械及管線工程基本設計中還會將管儀圖中所表示出來的所有機械設備作初步的配置（Layout），一般而言建廠專案團隊中會有一位專業的設備配置工程師（Layout Designer），負責將機械設備的擺放位置套繪在總平面配置圖（General Arrangement）中，有時候會套繪在建築平面圖（Architectural Drawing）中，端看整廠的建築基本底圖（Background）由何者主控。此配置圖在經過遴選廠商，確認設備規格並由廠商回饋各設備大小後，還會在細部設計階段修正。

## 二、儀電工程基本設計

在基本設計階段，方法工程師初步完成管儀圖後，其實整廠的儀控架構已經在方法工程師的腦袋裡面了，只是方法工程師不知道該用怎樣的表達方式去表達。這時候就要藉助儀電工程師的專業，經由雙方的討論溝通後，由方法工程師告知儀電工程師整廠的設計及未來的操作控制理念，再由儀電工程師依據管儀圖，將整廠的基本儀控架構以四種圖說表達出來：

1. 邏輯圖（Logic Diagram）。
2. 迴路圖（Loop Diagram）。
3. 全廠單線圖（Single Line Diagram）。
4. 儀電配置圖（Equipment & Panel Layout）。

這四種圖分別代表不同的意義，分述如下。

### 1. 邏輯圖（Logic Diagram）

邏輯圖主要表達各儀控感測元件（Sensor）和設備在製程中的邏輯互動

關係。例如筒槽液位計量測到高標水位時，A 泵需在 10 秒內啓動，這時邏輯圖就必須表達出液位計 A 泵，A 泵控制盤內計時器（Timer）等之連動關係，亦即藉由管儀圖和邏輯圖相互參照，可以表達出全廠的控制邏輯，及應有的控制元件，其應表示的設備，大至控制盤，小至控制盤中應有的按鈕、燈號、及細部元件如繼電器（Relay）和計時器（Timer）等。

2. **迴路圖（Loop Diagram）**

迴路圖主要表達各現場儀表（Instrument）設備和控制盤在製程中的訊號連接與迴路關係，亦即表達儀表設備與盤之間，以及現場與中央控制室的線路連接關係。

邏輯圖與迴路圖是儀電工程師由解讀管儀圖所發展的兩套圖。兩者之間的分工在於邏輯圖交代了全廠儀控控制盤的設計原則，而迴路圖交代了全廠儀控連接線路的設計原則。這兩套圖涵蓋了全廠儀控設計，是儀電工程基本設計最重要的兩套圖。

3. **全廠單線圖（Single Line Diagram）**（圖3-7）

建廠工程電力也是不可或缺的；此時就要看全廠單線圖。全廠單線圖表達全廠電力開關箱（Switchgear）、變壓器（Transformer）及動力配線（Power Cable）的設置設計與選型。由於廠用電力自電力公司廠外饋線供應，當輸送到廠內時，一般在廠內會有一個受電站，然後電纜線接到開關箱，再送到主變壓器變更電壓。若輸入的電壓是超高壓或者是高壓電，通常廠內還會有輔助變壓器，將主變壓器的電壓繼續變成廠內配電盤以及馬達控制中心（Motor Control Center）用電的電壓，然後從馬達控制中心再藉由電纜線連接至所有的風機（Blower）及泵的馬達等。類似這樣的用電架構都需要在全廠單線圖中表達。

跟隨著全廠單線圖，必須有至少五種計算書以確認此設計爲安全的設計，分別爲：

(1)短路電流計算書（Short Current Calculation）。

(2)壓降計算書（Voltage Drop Calculation）。

(3)接地電阻計算書（Earth Resistance Calculation）。

(4)功率因素計算書（Power Factor Calculation）。

(5)保護協調計算書（Protection Coordinator Calculation）。

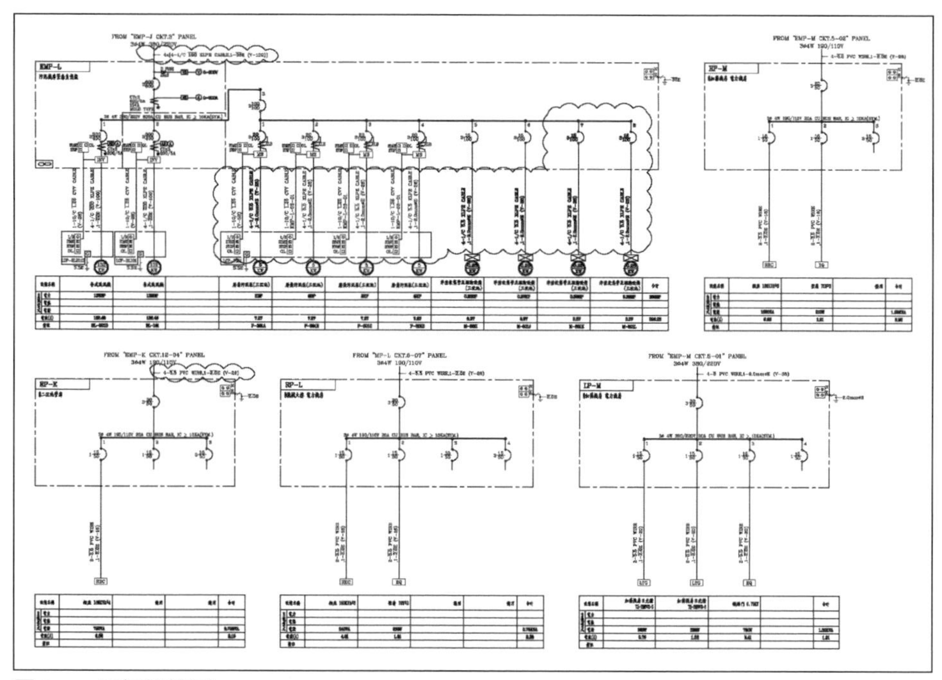


圖 3-7　電氣單線圖。

（範例，九碁工程技術顧問有限公司提供）

以上五份計算書都是依據單線圖的設計架構進行計算，其計算結果在確認此單線圖各設備以及電纜線之設計規格可以符合設計規範的要求。未來在向電力公司申請送電（Power Receiving）時，單線圖及各種計算書也是必須經電機技師（Electrical Professional Engineer）簽證後，送到電力公司審查的重要文件。

4. **儀電配置圖（Equipment&Panel Layout）**

最後，儀電工程基本設計中還會將單線圖邏輯圖及迴路圖中所表示出來的所有電氣儀控設備作初步的配置，亦即由設備配置工程師將電氣設備的擺放位置，和機械設備一起都套繪在建築平面圖或總平面配置圖（General Arrangement）中。此配置圖在經過遴選廠商，確認設備規格並由廠商回饋各設備大小後，還會在細部設計階段修正。

## 第四節 細部設計

基本設計完成後，緊接著就是細部設計。

### 一、基本設計與細部設計的異同與分界

一般微型工程的設計是不分基本設計和細部設計的，但是大部分的工程都要區分成基本設計與細部設計兩個階段，要將設計分成兩階段的原因如下：

1. **設計需要業主核准**

由於設計成果事關建廠工程品質甚鉅，一般公共工程都會要求技術顧問公司分成基本設計和細部設計兩階段送審，並邀請專業的審查委員來進行設計圖審查，基本設計核准後才能進入細部設計。

2. **設計需要階段性的展開**

各個不同形式建廠工程基本設計圖和細部設計圖的差別並不大，主要的區別在於必要的階段分野，例如混凝土廠房建築，需要先進行平、立、剖圖的設計，經確認後才能進行鋼筋配筋等結構設計，又例如電氣圖需要進行負載計算及單線圖設計，經確認後才進行後續的管線配置圖等。

3. **設計需要另行分包專業廠商進行**

設計作業在最初開始規畫的時候，像是金字塔的頂端，由設計總負責人負責，在廠房建築而言，設計總負責人就是建築師，但是建廠工程會視建廠專業不同而有不同的總負責人，然而，總負責人的專業也會有其限制，需要各不同專業的技師進行後續的設計，因此由設計總負責人完成基本設計圖說後，交付各專業廠商進行後續的設計展開作業時，後續的設計

就是細部設計。

通常基本設計和細部設計都是找同一家工程設計公司進行，以收時效，並易於釐清設計責任。此時基本設計和細部設計只有原則上和性質上的區別，並無明顯的時間分界線，通常基本設計進行到 60%～80% 時，就逐漸展開細部設計，亦即基本設計和細部設計有重疊的時段。但如果基本設計是由技術擁有者提供，而業主另外找工程設計公司進行細部設計時，負責基本設計者應提供一套完整的基本設計報告及圖說，並含電子檔案，以方便細部設計者據以承接後續的工作。此時，負責細部設計的設計團隊，同時要負責繼續更新（Update）前述基本設計應進行的設計修正工作。

細部設計依據專業雖然分成機械、管線、電氣、儀控……，但各專業的配置設計需整合在一起，亦即各專業工程師完成其設備及管線的配置後，需整合在一張圖中檢核相互間是否有干涉或衝撞（Conflict），同時需檢核未來操作營運時的空間及動線是否足夠。以下分別就機械管線及儀電工程，詳細介紹其細部設計程序。

## 二、機械及管線工程細部設計

機械及管線工程的細部設計工作，主要都在於製造及安裝等的配置設計。一般而言，依據工程師專業領域不同，會將工作分成設備以及管線兩大部分。

### ㈠設備細部設計

以設備細部設計而言，若此設備爲專業廠商生產的設備，通常細部設計者會要求專業廠商提供其設備外型圖（Outline Dimension Drawing；有時稱爲組裝圖，Assembly Drawing）供其審查，審查通過後，才准廠商依據此外型圖或組裝圖繪製製造圖（Shop Drawing）開始製造。至於一些筒槽（Tank and Silo）及熱交換器（Heat Exchangers），只要有製造圖，一般的鐵工廠或機械加工廠都會做，並不需要特定的專業廠商才能製造，從節省經費及節省時間上考量，這些設備通常都是在細部設計階段由設備工程師直接繪製外型圖，同時並訂好規格（使用的鋼板材料、厚度等），同樣經過會同審查程序審查過後，交由製造工廠繪製製造圖，經檢核無誤後即可製造。

設備外型圖在建廠工程設計圖中，扮演很重要的角色，管線工程師及儀電工程師要參考設備外型圖進行機械及儀電管線配置，安裝工程師要參考外型圖或組裝圖進行安裝。因此專案經理或專案工程師在處理設備外型圖審查工作時，一定會同時交給管線工程師、設備工程師、配置工程師及儀電工程師會同審查（Squad Check），至少審查以下項目：

1. **完整性審查**

(1)此設備的所有外型尺寸，包括所有連接管線尺寸是否均已適當表達？

(2)此設備的相關型號、規格是否已適當表達在圖中，其應提供的所有附屬設備及零件是否都已表達在相關圖中？

(3)廠商是否已依據規定，採用標準圖框、圖號及標示方法？

(4)其他應該會同審查的資料是否完整；例如備品清單（Spare Part List）、功能曲線圖（Performance Curve）、設備數據表（Data Sheet），其間之數據是否一致？

2. **正確性審查**

(1)此設備的長、寬、高是否可適當的配置在廠房中。

(2)此設備的功能規格是否符合規範及基本設計要求。

(3)此設備未來安裝方位（Orientation）及操作空間（如操作動線，操作平臺，維修孔位置）是否已考慮，並已表達清楚。

經過審查及澄清修正後，細部設計團隊會在圖中蓋一個審查核可（Approved）章，設備廠商在收到此核可圖說後，才開始製造。

## (二)管線配置設計

除了設備外，在工程設計公司中，細部設計階段有超過 70% 的工作量是在管線配置設計。在進行管線配置設計時，管線工程師需參考基本設計階段即已定案的設備配置圖（Equipment Layout），考慮整廠的空間、操作維修動線，同時參考各設備的外型圖及其管嘴安裝方位（Nozzle Orientation），進行管線平面配置（Piping Arrangement）。

### 1. 一般管線配置

一般在進行管線配置設計時，大型管線如風管配置（Air Duct Arrangement）、空調風管配置（Ventilation Duct Arrangement）會優先，其次為重力流（Gravity Flow）管線的配置（因為重力流管線需要有一定的斜率，且無法往上彎配管）。等到這些管線配置好後，剩餘的空間才進行其他管線的配置。在時程安排上，由於工地安裝順序，儀電工程通常會晚於機械管線工程 2～4 個月，因此在整個設計順序安排，通常都是按照風管、重力管、壓力管等順序進行設計，設計完成後，交由儀電工程師繼續儀電配管設計，如此順序可以盡量避免管線衝突。由於大型工廠電纜線很多，在設計上電纜線都集中在一起置放在電纜線架（Cable Tray）中，亦即所有電纜線的路徑（Cable Routing）都盡量集中，整個路徑上設置電纜線架，其上再置放纜線（Cable Laying），此時因為電纜線架體積較大，通常在細部設計初期階段，就先預留主路徑位置空間，然後再交給管線進行配置，以避免未來空間衝突。

### 2. 發電廠、焚化廠及石化廠等廠房管線配置

在進行發電廠、焚化廠及石化廠等廠房管線配置時，由於管線中會有高溫流體或蒸汽在其中，此高溫會造成管線的熱漲冷縮，在工程上解決此熱漲冷縮的方法是讓管線多繞幾個 90 度的彎。讓彎度來吸收熱膨脹。此時在管線設計初步完成後，還要進行熱應力分析（Thermal Stress Analysis），以特定的電腦熱應力分析程式，進行應力分析計算，看是否已完成的管線配置可以涵蓋熱應力的效應，若是不行，則需重新設計。

管線配置設計完成後，屬於管線的細部設計只算完成了一半，一般設計的要求還會要再繪製管線立體圖（Isometric Drawing）（圖 3-8），所

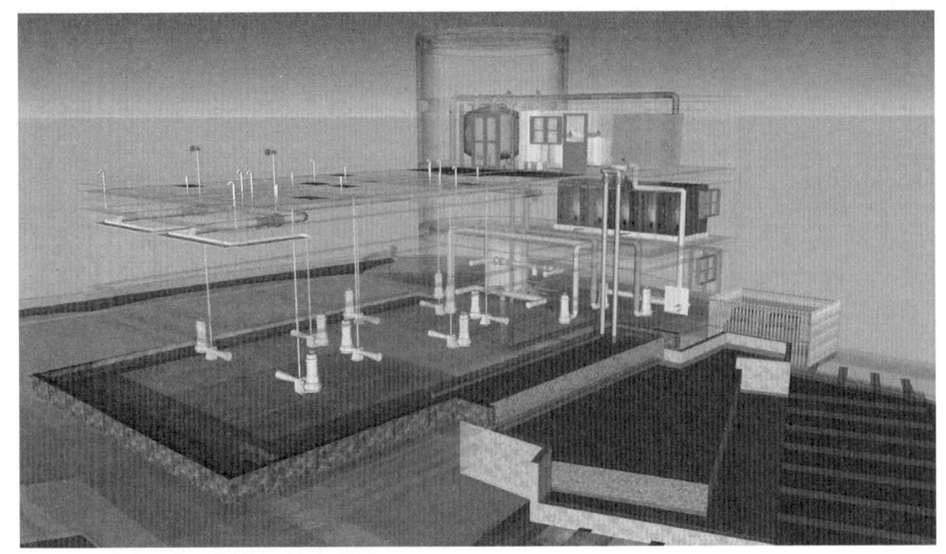

圖 3-8 整廠工程設計的管線立體圖。
（九碁工程技術顧問有限公司提供）

謂管線立體圖，顧名思義就是將管線的路徑以立體三維空間的方式在圖上表達。管線立體圖實際上包括了所有管線設計的細節，包括所有管線上應安裝的管件（Fittings）、閥件（Valves）及一些特殊管件（Spcialty）及其安裝位置與尺寸。

管線立體圖繪製的目的有二：

1. 供作現場安裝管線的依據，可以補足平面配置圖無法表達清楚的地方。
2. 採購所有管料、閥件等的依據。

因此管線立體圖上還會有料表，詳細說明此根管線上所包括的各種不同的管料規格、數量等。有了管線立體圖，設計部門可以進行第二次材料檢料（2nd Material Take Off），交給採購部門完成材料採購清單（Bill of Quantity），由於此時幾乎所有機械管線都已定案，因此可以將前一次因趕時間而先行採購（通常 70%～80%）不足的部分，予以補足。

### ㈢管線配置之後續作業

當管線配置設計大致妥當後，有一件要緊且時間緊迫的工作就是開孔（Opening）、維修孔（Maintenance Hatch）、穿牆管（Insert Pipe, Insert sleeve）及預埋件（Insert Plate）的設計。由於建廠工程都是時間緊迫，涉及到未來及早營運及早有營收的資金壓力，因此很多都是一邊設計，一邊開始建造。當管線設計還在進行中時，可能工地已經開始動土，先進行土建工程。此時，就要先將開孔及埋管、埋件等先設計，配合土建工程進度先安裝，才能符合時程上的要求。

管線設計是一門專門的學問，在設計上需考慮的地方很多，且都需依據規範來設計，其中美國國家標準 ASME B31.3（The American Society of Mechanical Engineers Code for Pressure Piping，B31.3）是主要需參考的規範之一。

## 三、儀電工程細部設計

與機械及管線工程細部設計類似，儀電工程的細部設計，主要也在設備製造圖的核准以及相關管線的配置設計，只是機械管線是以水管、蒸汽管爲主，而儀電管線則泛指電纜線（Cable）、電管（Conduit）、電線（Wire）等。

與機械設備一樣，爲了讓開關盤、控制盤等儀電設備的廠商能夠有依據來進行其製造圖的設計，儀電的細部設計由基本設計的電氣單線圖，邏輯圖及迴路圖開始，展開更詳細的盤體及配管、配線規畫，然後交由設備廠商繪製製造圖。製造圖一般包括盤體外型圖（Outline Drawing）、盤體單線圖（Single Line Diagram）及三線圖（3 Line Diagram）等。製造圖經核可後，除了在其上蓋核可章，准許廠商依圖製造外，同時依據廠商的核定圖說，儀電工程師還需依據製造圖上的資料，繼續進行其後的設備與盤，及盤與盤之間的配線設計。

較大型的建廠專案中，在細部設計階段，儀電工程會依據儀電設備用電性質及電壓大小分成兩種專業領域，一個是電氣工程，包括特高壓或高壓開關箱、變壓器、馬達控制中心（MCC）等設備以及其間的所有輸配電纜線，此部分由電氣工程師負責。另一個則是儀控工程，包括所有儀控盤、可程式控制器（PLC）、分散式控制系統（DCS）、感測器（Sensor）、控制閥（Control Valve）及全廠的儀控配線，此部分由儀控工程師負責。

電氣工程的細部設計從基本設計的全廠單線圖開始發展，一方面根據分包及發包結果，連繫廠商提送並審查廠商的製造圖，一方面開始規畫全廠電纜線架及電管的路徑及配置。同時，還需將全廠設備盤以外的所有電線電纜及電管彙整成電線電纜計畫表（Conduit & Cable Schedule），此計畫表中需表達所有電管、電線、電纜的規格及其配置盤的起始點和終點。

等到細部設計中期各儀控盤的接線端子（Terminal）均定義出來後，由此計畫表配合儀控工程師整理出的全廠儀控盤細部圖（Instrument Control Panel Drawing），及電氣設備製造圖，電氣工程師可以完成全廠的配線與端子連接表（Wiring Connection List），此配線與端子連接表是儀電工程細部設計的最終成果，由表中可以知道全廠所有電纜電線的配線起始盤及終點盤，該電纜線是單相還是三相，是 3 芯（Core）還是 5 芯，若是儀控電線，則該電線是 20 芯（或稱對，Pair）、30 芯（Pair）或是其他規格，以及各電纜電線各芯在各盤各端子的結線（Termination）配置。

儀電安裝工人依據此配線與端子連接表，參考相關配置圖，可以很容易的依表依圖施作，完成所有儀電管線的配線及結線工作。

儀控工程的細部設計工程是從基本設計的邏輯圖開始，由此可以發展出整廠儀控盤的控制線路圖（Control Wiring Diagram）及 I/O 清單（I/O List），其中控制線路圖是儀控工程師的典型設計（Typical），也就是說此設計圖爲廠商盤體製造圖設計的依據，儀控盤體廠商根據細部設計要求，會完成製造圖送審，I/O 清單初步由邏輯圖整理出來，配合整廠的控制構想，此構想表達出哪些控制點是採取 PLC 控制，哪些控制點是由 DCS 控制，由此發展出全廠儀控盤的需求及其細部設計圖（Instrument Control Panel Drawing），此圖交給電氣工程師作最後的配線及結線設計。

儀控工程師除了需設計儀控控制盤外，全廠的控制閥（Control Valve）、感測器（Sensor）的選型及設計也是很重要的工作。他依據儀表清單中對儀表規格的要求，製作每一個儀表的規格表（Instrument Data Sheet），此規格表通常先由儀控工程師提出，然後交由控制閥或感測器專業廠商提出細部修正建議，最後才定案下訂單採購。有些控制閥爲合金材料，且需單獨開模製造，製造期很長，此部分設備需提前完成採購。儀表清單及規格表完成後，下一步就是儀表安裝圖（Hook Up Drawing），由於全廠的儀表非常多，儀電工程師通常都會設計幾種標準安裝圖，然後以表列的方式說明哪一些儀表用哪一種標準安裝圖。且因儀表大多安裝在機械管線上，因此標準安裝圖上還需標示其安裝界面在哪裡，其連接方式如何，採用芽接（Screw）還是焊接（Welding），以及連接界面的尺寸等。

與機械及管線工程一樣，儀電工程也需提出穿牆管或開孔的設計需求，此圖通常提出後會整合至土建施工圖中，由土建配合施作，因此其設計需求需及早提出。

## 第五節　製造圖設計

製造圖（Shop drawing）通常是指專業設備廠商，在其工廠生產其設備所需繪製的圖說，一般都是由廠商提出，交由業主或業主委託的細部設計工程公司審查後，依圖開始製造。有時候，安裝廠商在工地設置有預製工廠（Workshop），此時爲了預製工廠而繪製的圖亦稱爲製造圖。製造圖設計的時間點和細部設計時間點相近，甚至要早一些。一方面製造圖完成後，廠商需要時間製造，另一方面細部設計也需要知道製造圖細節，以便配合相關的管線細部設計。

## 一、機械及管線工程製造圖

機械及管線的製造圖大體可以分為三類，分述如下。

### 1.專業設備類

由專業設備廠商繪製的設備製造圖，包括廠商自行繪製外型圖（Outline Drawing），或是組合圖（Assembling Drawing）以及安裝詳圖（Installation Detail Drawing），至於更細部的零組件製造圖因屬其公司之內部機密，原則上不會也不需要提出。廠商提送製造圖時，安裝時所需的特殊工具及清單，安裝詳圖或安裝方法，以及未來維修時所需的備品及其清單，都應一併提出。

### 2.筒槽（Tank & Silo）及大型風管（Air Duct）類

此類設備需在工廠預先製作再送到工地安裝，因此先由細部設計工程公司繪製外型圖，交由鐵工廠繪製進一步的施工圖，包括鐵板的切割圖（Cutting Plan）、切割後的組裝及焊接詳圖等。

### 3.工地預製工廠繪製的管線類的單管圖（Spool Drawing）

通常 ISO 圖（管線立體圖）完成後，已足以讓工地按圖施工。但在大型建廠工程案中，管線安裝量很大，且統一採購的管線都是標準尺寸（5 公尺長或 6 公尺長不等），若要在工地現場切割、組裝及焊接，會非常沒有效率。因此通常在工地會規畫一個預製工廠，先在預製工廠預先焊接組裝約 30%～50% 的管件。在管線預製前，安裝廠商會依據 ISO 圖繼續發展 Spool 圖。此 Spool 圖會在 ISO 圖上將一個 ISO 切割為若干個 Spool，規畫好哪一部分的管件應在預製工廠中預製成一個 Spool，然後將各個完成的 Spool 陸續送到現場安裝。Spool 圖還有一個重要的功能就是預先規畫管線安裝的「活口」（Site dimension adjustment），所謂「活口」就是各階段管線安裝時保留至最後才調整長度並焊接的地方。由於安裝管線是在三維空間中安裝，同時管線安裝所在的牆壁或管架不見得平整精準，因此有些 ISO 設計者會先依據工程慣例（Design& Engineer Practice,

DEP），標示預留活口的地方，此段管線通常會標示多留約 10 公分裕度，若是在 ISO 圖中未設計，則需在 SPOOL 圖中規畫，才能保證最後安裝能夠順利。

## 二、儀電工程製造圖及安裝圖

儀電工程的製造圖以儀電設備爲主，製造圖包括外型圖、單線圖、三線圖及儀表安裝圖等，此外，和機械設備一樣，安裝時所需的特殊工具及清單，安裝詳圖或安裝方法，以及未來維修時所需的備品及其清單，都應一併提出。

儀電工程在工地現場也會有預製工廠，進行電纜線架或電管等的切割預製等工作，此工作並不複雜，通常不需先製作製造圖即可製作。

儀表安裝圖是溫度計、壓力計、流量計等不同儀表的安裝方式及安裝程序，一般都是標準圖，整廠儀表安裝時，會先提送經核准後實施，或者設計時由儀表工程師在標準圖圖庫中選擇恰當地安裝方式，在細部設計時就交代。

# 第六節　機電圖說的設計整合與管理

建廠工程所需的機電圖說既多且雜，且彼此關連，又有限時完成的壓力，因此適當的設計整合及管理非常重要。要做好設計整合的工作，以下的要點一定要掌握。

### 1. 預先擬定圖說清單及設計時程

設計一開始時，即需列出所有所需的圖說清單（Drawing List），由各圖說的衍生關係及關連性，配合工地建造的時程及業主／顧問公司審圖、退圖所需的時間，預先排好一份設計時程表。由設計時程表及圖說清單，可以預估各階段時間所需的設計人力。同時並可以追蹤設計進度。要在設計階段一開始時就列出所有的圖說清單，有其難度，但是這個工作非做不可。通常有參考廠（Bench Mark Plant）時，可以直接引用參考廠的圖說清單（例如一個日處理量600噸的垃圾焚化廠，其全廠機電圖說約有400份共5,000張圖，其他焚化廠在設計時，也可比照此架構初步規畫圖說清單），沒有參考廠的圖說清單時，專案經理要召集各設計小組負責人，參考各階段所需的設計圖種類，在設計開始前先擬定設計圖說清單並預估圖數，開專案設計會議討論各圖的發展順序及時程，定案後才開始展開設計作業。在設計進展過程中，原先預估的圖說清單及圖數一定會不斷的被修正，直至設計階段結束爲止。

2. **指派專人進行橫向連繫**

由於建廠工程設計過程介面非常多，專案經理通常會指派一名專案工程師負責整個設計的橫向連繫，此專案工程師需負責協調各專業工程師，確保整個的設計都按照設計程序進行，且相關設計時程也都按照原訂時程計畫進行，每週核對設計進度，若有任何延誤，都需要報告專案經理以便以加班或加人的方式趕工。除此之外，專案經理還會指派一名設計品管經理，負責橫向的設計整合及設計審查工作。此二人一個負責所有設計圖的完整性及時程管控，一個負責所有設計圖的正確性檢核，兩人缺一不可，如此才能確實管理設計工作。

3. **及早進行採購發包工作**

從本文多個段落不斷的提及專業廠商提報製造圖送審可以知道，沒有專業廠商的圖提供給細部設計工程師，細部設計可以說最多只完成三分之一，剩下的三分之二要等到確認的廠商圖說進來後才能進行。因此採購發包的進度非常重要，需要及早進行。

4. **採用適當的設計流程、組織與分工**

適當的設計組織與分工非常重要。一般而言，整個機、電、儀及土建的建廠設計工作，最好委託一家公司進行，若非不得已將機電與土木分包設計，甚至機與電都要分包設計時，一定要規畫各設計單位在一起合署辦公，以收整合之效，否則很難掌控整個設計流程。此外，在設計分工上，應盡量配置橫向整合人力。例如配置設計，最好有專人進行所有機、電、儀及管線的配置，或配置圖的套圖檢核，以避免產生設備間或機、電管線等之間的干涉。

## 第七節　結論

任何管理工作要做的好，首先就是要能清楚的定義其所需管理的工作，包括其工作的工作分項結構（Work Breakdown Structure），其完成所需要的時間（Duration），以及各工作之間的關連與順序（Relationship）。定義清楚後，才能擬定詳細的計畫，配置適當的人力物力資源來完成。建廠工程的設計工作也是如此，負責設計整合的人，一定要知道整個設計藍圖與進程，才能跟不同專業的技師或工程師合作，共同完成建廠工程的設計工作。

## 問題與討論

1. 建廠工程設計流程，大約分為哪幾個歷程？
2. 為什麼建廠工程設計需要區分為概念設計、基本設計、細部設計等歷程？
3. 整套複雜的建廠工程圖說，尤其是機械管線及儀電工程，通常用什麼圖說來整合？為什麼？
4. 設計圖及製造圖都需要業主的審核並蓋核准章後，才能製造施工，為什麼？
5. 建廠工程機電圖說應如何進行設計整合與管理？
6. 建廠大宗材料（Bulk Material）需要進行採購的數量計算（檢料）時，有哪幾個階段以及哪些注意事項？
7. 一般工程界，要求建廠設計圖要畫到「依圖施工無疑義」，為什麼會有這個要求？設計者如何達到？業主又如何要求？

# 第四章
# 建廠工程審查管制與申請執照流程

## 重點摘要

建廠工程無論是公共工程或是工業廠房，完工後都會涉及到該工廠區位、建廠過程與生產的產品是否符合法令規範，以及生產過程中產生的廢氣、廢水等是否有經過妥善處理，因此都需要經過政府主管機關的管制。

一般而言，政府機關依據相關法令，對於建廠工程計畫的審查與管制大約分為六類，包括建廠用地（山坡地開發、水土保持計畫）、廠房建築物（建築執照及雜項執照）、建廠區位（都市計畫分區管制及辦理變更）、環境保護（環境影響評估、水汙染防治措施計畫、固定空氣汙染源排放許可及廢棄物清理計畫書），以及公用管線（消防、電信、電氣、瓦斯……等申請）的供應與管理等，所有政府管制事項的目的都在管制建廠工程過程及最終產品能符合規範，並符合公眾安全，因此，企業主、政府相關單位以及負責建廠工程的工程師，對於政府管制事項與申請執照流程不可不知。

## 第一節　政府管制審查流程

建廠工程由於牽涉到新建廠房以及製造產品，無論是廠房所在土地利用、廠房建築、汙染防治設備，以及生產出來的產品等，都需要政府的審核及管制，透過層層管制及審查後，才能完成建廠工程，取得工廠登記證，這些管制與審查的制度，舉世皆然，只是各地因各有法令會略有不同。

在臺灣，建廠工程的工廠事業主管機關，依據其製造產品的不同而有不同，法令上稱爲「目的事業主管機關」，如水泥廠爲工業局，發電廠爲能源局，焚化廠為環保局。建廠工程完成後申請工廠登記證即是向目的事業主管機關送件申請。

在建廠工程規畫階段，建廠申請人應先自行辦理可行性評估，由法令、技術與財務交互分析建廠土地、技術與資金來源，最終可以完成一份涵蓋法令可行性、技術可行性以及財務可行性的可行性報告評估。若是建廠所在地為山坡地，依法須辦理水土保持計畫，建廠規模較大，依據《開發行為應實施環境影響評估細目及範圍認定標準》，須辦理環境影響評估者，則需先辦理環境影響評估。

早期政府對於國內土地的管理，由各縣市公告都市計畫區與非都市計畫區（區域計畫區），建廠用地的都市計畫管制則因區域及其選擇法令的不同，有不同的流程。建廠所在地若是在都市計畫的工業區，則沒有問題，不需辦理相關審查，若非工業區，但仍屬可建廠用地，需辦理都市計畫變更。但若土地所在地非屬都市計畫區域，由於未編定工業區，則需送到縣市政府查核相關土地資料後，轉送內政部審查。

一般而言，非都市計畫土地申請開發流程所需時間較久，約需 3～5 年，都市計畫土地申請開發時程所需時間較快，但也至少需要2.5～3 年。

以下即針對建廠工程政府管制流程，分成非都市計畫土地申請開發之流程如圖 4-1，以及都市計畫土地申請開發之流程如圖 4-2。

## 第二節　建廠工程政府管制事項及應申請證照

### 1. 用地管制——建廠用地符合國土計畫審查

在國土計畫法公告施行前，國內有關國土規畫的法令有都市計畫法及區域計畫法等兩種不同法令，需視建廠土地所在地是否為都市計畫區域而定。國土計畫法公告施行後，因各縣市有不同的「國土功能分區圖」公告進度，因此有一個法令緩衝期。

國土計畫法已於民國 105 年公告施行，全國土地劃分為「國土保育地

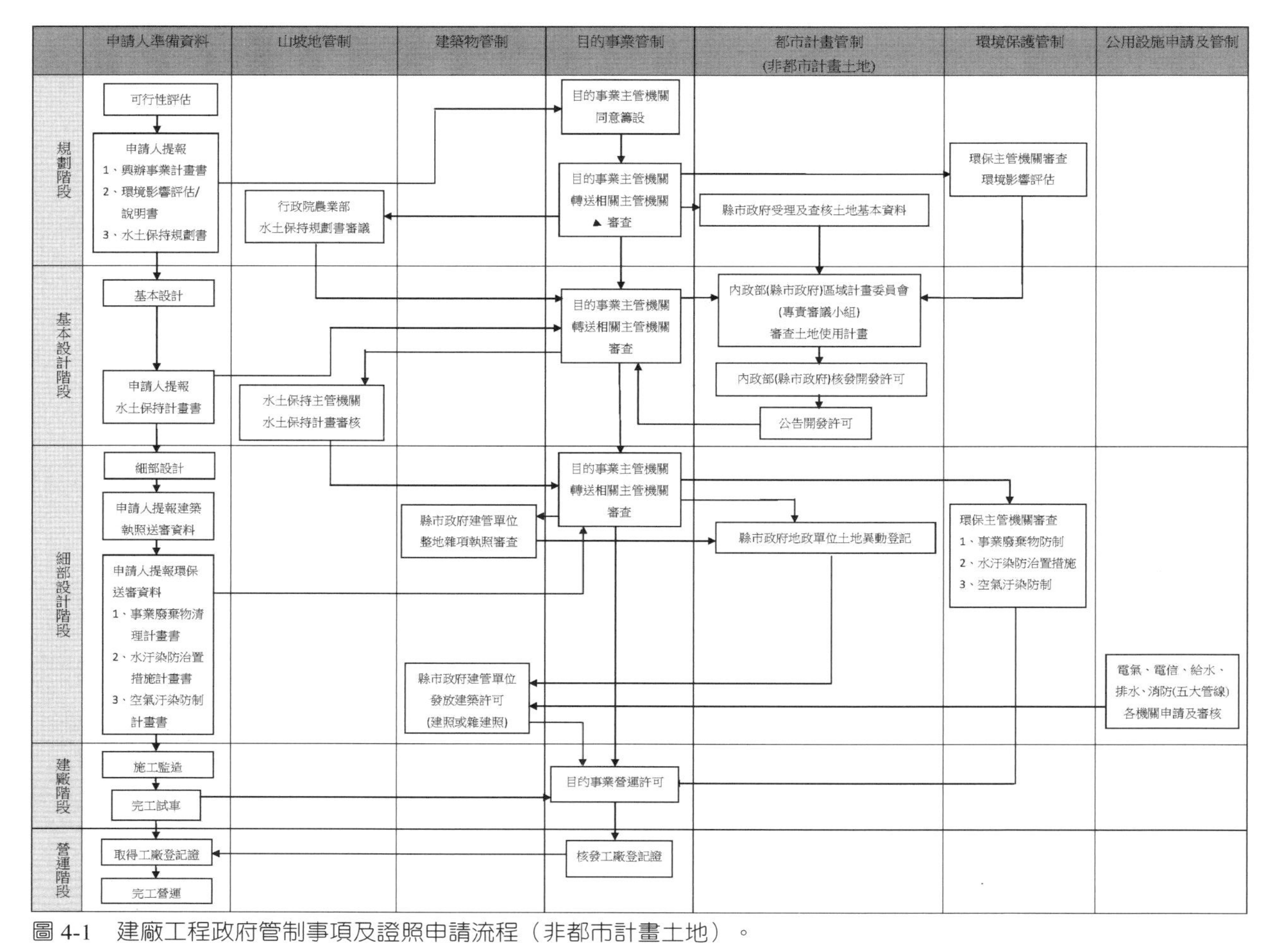


圖 4-1　建廠工程政府管制事項及證照申請流程（非都市計畫土地）。
（方偉光技師／製圖）

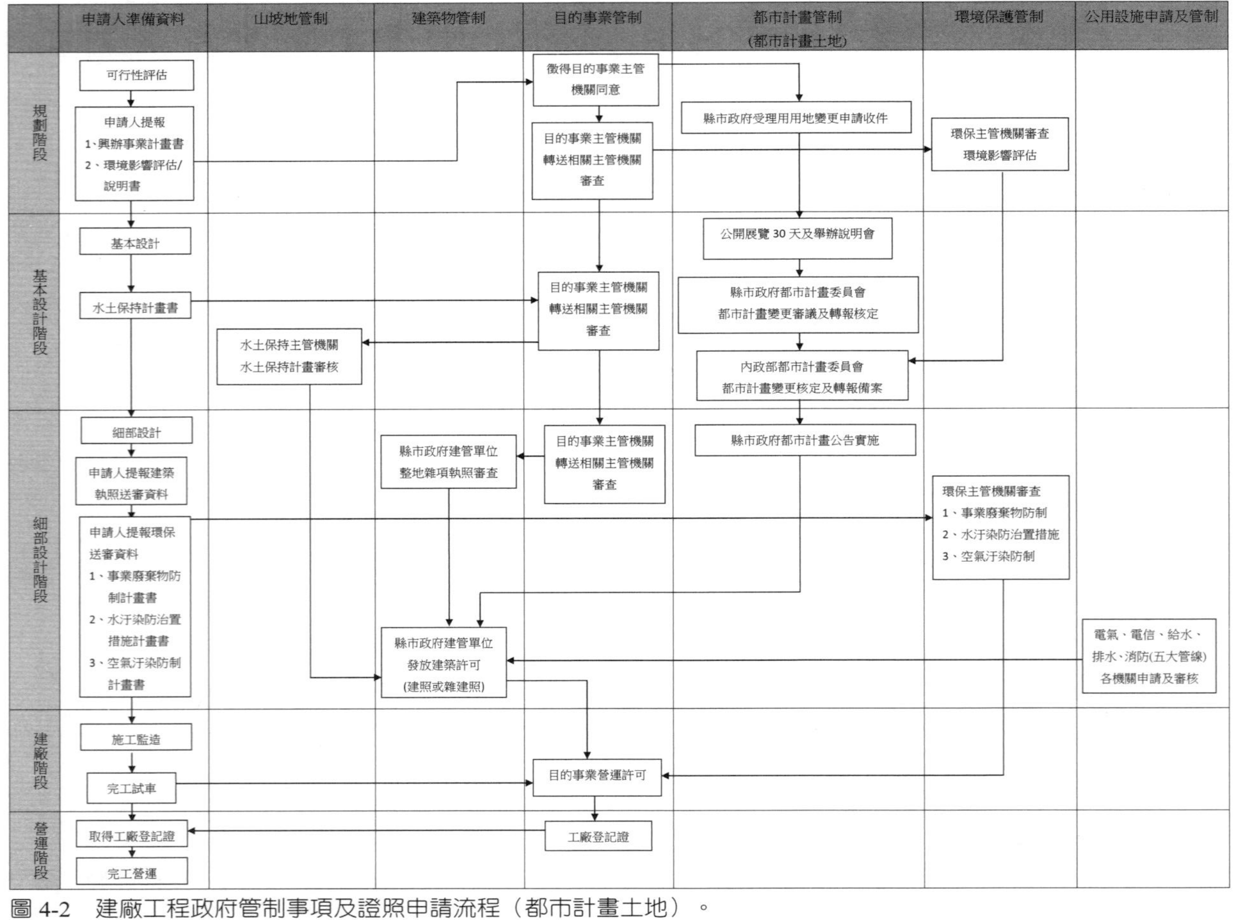


圖 4-2　建廠工程政府管制事項及證照申請流程（都市計畫土地）。

（方偉光技師／製圖）

區」、「海洋資源地區」、「農業發展地區」、及「城鄉發展地區」四大類，不會再有「地目變更」，而是採「申請使用許可」制度。

自各縣市政府「國土功能分區圖」公告日起，區域計畫法也就不再適用。在「國土功能分區圖」尚未公告前，在緩衝期時，仍應依據區域計畫法進行用地規畫及變更，未來「國土功能分區圖」第三階段公告後，審查會自動轉換至國土計畫法相關程序。

### 2. 山坡地管制——水土保持計畫申請及審查

建廠用地若位於山坡地時，應提送水土保持計畫書送審，政府審查對象爲在山坡地中，從事《水土保持法》第 12 條第 1 項各款之開發行爲，應報請區域計畫擬定機關審議者。審查分爲兩階段，第一階段時間通常於 30 天內完成。審查內容爲對於實施水土保持之處理與維護，建立其調查、規畫、設計、施工、監督、檢查、審查等技術準據，以供開發者從事水土資源保育、開發、經營或使用行爲之依循。第二階段則是依據第一階段核准的文件，繼續進行設計成果進行審查，審查實際水土保持工程的設計，有時候會拖超過一個月甚至需要三個月。

準備《水土保持計畫》通常都委託顧問公司或專業的技師事務所進行，其應準備的文件及詳細的審查流程，應依據規範來進行。

### 3. 建築物管制——雜照及建照申請及審查

除了軍事建築，以及特種建築物免建築執照之外，所有的建廠工程廠房建築都要申請建築執照及雜項執照，政府審查的對象爲建廠工程中的廠房設施及建築構造物等，申請雜照或建照時，一般需要委託建築師來申請，同時可以另參照建管單位網頁的建照執照作業流程圖，流程圖中通常都會詳細說明每一個階段審查、查驗的資料，以及最後主管機關抽查的主要步驟。若基地位於山坡地，與一般建照執照不同地方是需先辦理水土保持計畫，待第一階段水保計畫通過後，才能往下申請各類雜建照，此可以參照山坡地建築管理作業流程，在此不贅述。

### 4.環境保護管制——環評及廢水、廢棄物與廢氣管制許可

建廠工程的環境保護管制，主要針對特定及大型工廠須進行環境影響評估，以及工廠營運產出的事業廢棄物以及廢氣、廢水等，進行建廠過程中的設計審查以及營運前的許可審查。

建廠工程基本設計階段，即應針對未來工廠可能產生的廢氣和廢水，規畫相關的廢氣處理設備及廢水處理廠，並請專業廠商進行相關的細部設計，同時並規畫工廠營運後，其產出的事業廢棄物處理方式。

在細部設計階段，有空氣汙染物需處理的工廠，需提送《空氣汙染防制計畫書》，並應提報《固定汙染源設置許可》申請文件送環保主管機關進行設置許可審查，有廢水排放的工廠，需提報《水汙染防治措施計畫書》，送環保主管機關進行設置許可審查，另外，申請人還需提報《事業廢棄物清理計畫書》送審。

前述廢氣和廢水的設置許可都需要經過環工技師簽證，待審查通過之後，申請人應依據核准文件進行相關汙染防治設備的興建工作，並於建廠完成後進行試車驗證，其排放廢氣以及排放廢水符合環保法定之後，才會由環保主管機關核發操作許可。

### 5.公用設施申請及審查

公用設施，就是包括建築物內外所有管線，包括電線、電話線、自來水管線，消防管線及瓦斯管線等，都需要進行申請及查核。從公共外管線引進的角度來說：電氣、電信、自來水、汙水、瓦斯等五項，以及從室內一般建築施工的角度來說：電氣、電信、給水、排水、消防等五項，稱爲五大管線。

而申請核准五大管線開工時，須檢附《建築執照》、《基地接戶點平面位置》及《新增用戶永久民生用水、電力、電信、瓦斯、汙水等管線聯合挖路申請書》、《預定管線施工期程表》，並會勘管線主管機關（自來水公司、臺灣電力公司、中華電信公司、瓦斯公司），會勘完畢並繳費完成，審核完成並核發道路挖掘許可證，才能開始對五大管線動工。

## 第三節 結論

建廠工程中，從政府管制事項、水土保持、環境保護管制到公用設施，本章中都有詳細地探討，其中的流程圖，可以學習到建廠過程中，在各階段應提送哪些文件以取得政府許可的系列過程，從土地變更到完工營運，都有一定流程限制，以及該備哪些計畫書、申請書，可供讀者了解整個申請流程，並能順利完成建廠工程。

### 問題與討論

1. 建廠工程計畫，政府的審查與管制有哪幾類？主管機關各是哪幾個單位？
2. 什麼是「目的事業主管機關」？「目的事業主管機關」在建廠工程的過程中扮演什麼樣的角色？
3. 工廠廠房在興建前，有關建築物部分需申請哪些證照？
4. 建廠工程針對環境保護，需提送哪些計畫書？申請哪些證照？
5. 建廠工程申請建照期間，還有所謂的「五大管線」，請問是哪五大管線？

# 第五章
# 大型建廠工程的專案管理及開工前後的準備工作

## 重點摘要

整個建廠工程能夠在預算內、符合品質的條件下如期完工，是參與建廠的工程師們需一致努力的目標。若要達到這個目標，必須要組成一個專案，由一個組織嚴密且能相互分工合作的團體再加上一個適任的領導人才能達成。大型建廠工程是指建廠預算在新臺幣二十億元以上，其專案管理工作經緯萬端，非常繁複，尤其在開工前後的準備工作更是千頭萬緒，需要細心與耐心，才能在最短的時間內逐一完成。

本章節以大型建廠工程的工程範圍與發包模式，以及相對的專案組織及分工開始介紹，再介紹專案開工前後應完成的準備工作，以及專案管理要項與心法，使整個專案管理工作有一個輪廓。

## 第一節　建廠工程專案的發包模式

當一個政府或企業在決定要建一座大型工廠時，通常會先開始進行可行性研究，其內容包括用地選擇，製程選擇，同時進行重要設備的設備選型等技術評估，並據此訂定概算。由於建廠工程屬於較爲專業的工程項目，當概算訂定後，政府或業主爲了順利完成此工程，通常都會請工程顧問公司作爲設計監造顧問，由其建議採用方案，最後由業主決定此建廠工程的發包模式。

一般而言，業主採取的發包模式大致兩種：

1. 由工程顧問公司負責基本設計及細部設計，並完成所有檢料工作（含數量計算及材料清單）後，交給業主發包。
   採取此模式時，進行發包作業前，顧問公司可以依據詳細的工程數量建議較嚴謹的預算，由業主決定決標底價，同時因細部設計圖已完成，業主可以發一標（統包）、兩包（土建標及機電標），甚至多標，各標依據細部設計與規範，負責其工程範圍內的採購、建造、安裝及試車等工作，工程顧問公司並負責其後的各標的介面管理及工程監造工作。
2. 工程顧問公司僅進行基本設計，同時並訂定基本規範後，即交給業主發包。
   此模式稱爲統包（Turnkey）模式發包。此時，由於沒有確實的工程數量，顧問公司只能依據經驗或概算，建議合理預算，由業主決定決標底價，由有經驗及實績的廠商競標。得標的統包商的工程範圍需包括整個建廠工程的細部設計、設備採購、土建建造、設備安裝及試車等工作。

當建廠工程的業主採取第二種模式發給一個建廠統包商負責整個建廠工程時，建廠統包商在進行分包時，同樣也面臨採取何種發包模式的考量。在面對這個問題時，建廠統包商通常會視專案特性；如專案規模大小，廠內該分包的施工區域是否獨立，以及該分包是否屬於一個獨立系統來考量。

舉例而言，一個發電廠工程專案規模很大時，可以依據系統分成十數個甚至數十個採購分包，其內廢水處理廠工程有專業的廠商可以配合，且施工區域與其他分包介面很少，則該廢水處理廠可以發一個統包（亦即包括該區域的設計）。有些工程如消防及空調，其系統較獨立，與廠內其他系統介面較少，也可以視廠商能力單獨發統包。

除此之外，建廠統包商應該盡量採取第一種發包模式，由專業的設計團隊進行整廠的設計以及設計整合工作，在設計工作進行中，同時進行設備採購及發包等工作。至於工地的建造及安裝工作，通常分兩標（土建建造及機電安裝）、三標（土建建造、機械（含管線）安裝、儀電安裝）甚至多標進行（例如將空調、水電、消防等分標進行）。而建廠統包商居間協調，負責整個專案的整合及管理等工作。

## 第二節　建廠統包商的專案組織及分工

由於大型建廠工程的專案管理團隊組織龐大，其設計及管理團隊可能不在工地，因此整個建廠工程的專案組織會分成專案部分以及工地部分，專案部分由專案經理領頭，負責設計、採購、設備製造、以及交運。工地部分由工地經理（國內稱爲工地主任）帶隊，負責工地建造、安裝以及試車。整個建廠工程由專案經理負責總調度及協調。由於工地組織龐大，有關於詳細的工地組織及其管理需要另外專文介紹，以下介紹以專案組織及其分工爲主。以下所稱的各部門，可能是建廠統包商公司內部組織，也可能是建廠統包商委託的工程管理單位或顧問公司，可能是一個團隊，也可能只有一個人，完全看實際需求定（圖 5-1）。

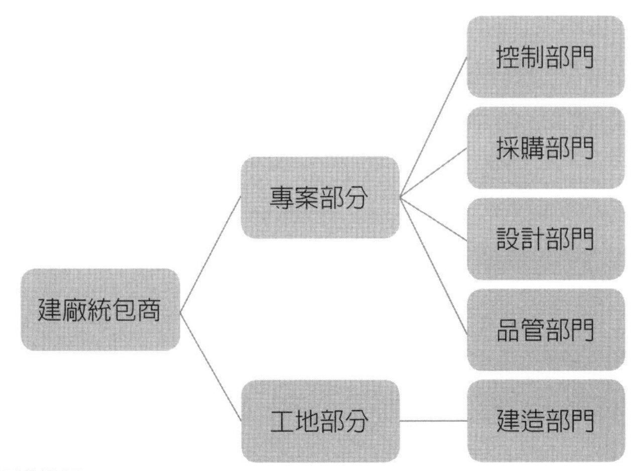


圖 5-1　專案組織簡圖。
（方偉光技師／製圖）

## 一、專案部分

1. 控制部門：負責整個工程的計畫擬定、檔案管理、時程控制、預算控制及計價請款。
2. 採購部門：負責與設備製造商的採購議價、合約研擬，以及與廠商的協調連繫。
3. 設計部門：負責整個工程的規範研擬、設計、檢料（Material take off）、設計審查與整合等工作。部門內最少需分成土建、機械、儀錶、電氣等專業分工。
4. 品管部門：負責訂定整個工程品管及品保計畫，執行設計品管、製造品管等工作。

## 二、工地部分

建造部門（工地）：負責工地所有事務，包括整廠建造、安裝、試車，以及工地相關的進度、品管、工安衛及工地設計變更等。

大型建廠工程的建造部門組織，除了土木、機電等現場監造之外，也需要配置控制、採購、設計及品管等部門。

雖然專案組織分為專案及工地兩部分，但是為了工作的延續性及精簡人力，很多公司都是將兩部分的人力合併，亦即專案「開工」時，初期的設計、採購及控制、品管計畫等，都在總公司進行。等到設計、採購完成了約 80%，工地開始「動工」後，相關的人員再派到工地進行後續的專案管理工作。

圖 5-2 為規模 30 億元，大型焚化廠建廠工程專案（含工地）建廠統包商的組織表，初期開始的時候可能只有 10 多人，但是當工地展開的時候，若各個系統都是自己發包，工地最多的時候會將近 5、60 人。

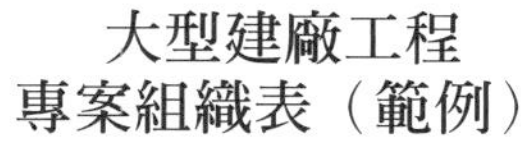


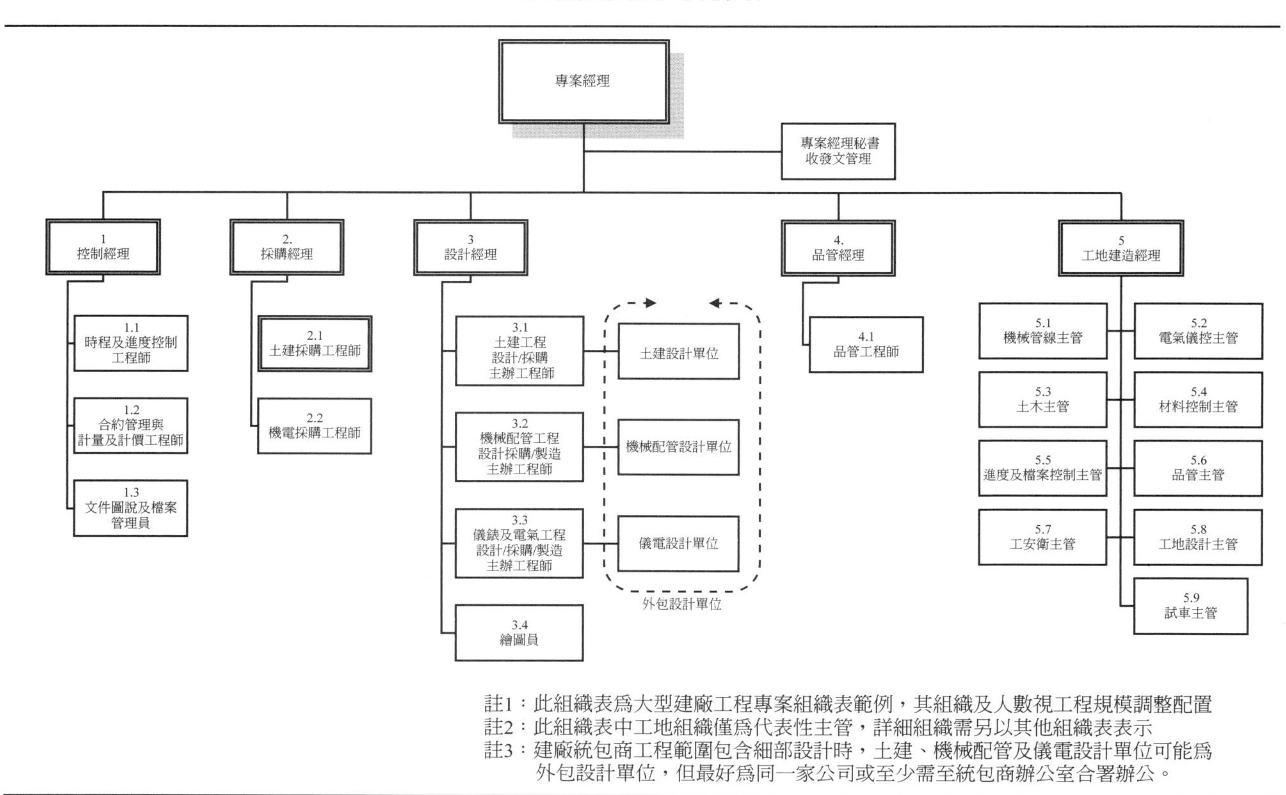


圖 5-2　大型建廠工程專案組織表（範例）。
（方偉光技師／製圖）

## 第三節 專案開工前後的準備工作

所謂的專案「開工」，是有嚴謹的定義，其代表的是合約工期的開始日，如果工程範圍包括細部設計，專案開工後需立即進行的是設計工作，至於工地開始進行建造安裝的時間則稱爲「動工」，通常在設計進行一段時間以後才開始。如果工程範圍不包括細部設計，統包商需按圖施工，則「開工」日通常就是「動工」日。

建廠工程開工後，需立即進行的工作很多，千頭萬緒。因此通常在確定工程得標後，即應先開始進行，在開工前先行準備好，一旦與業主完成簽約，確定開工日期後，相關的計畫可立即提出並開始執行。

以下就專案「開工」前後，整個專案組織各單位應立即進行的工作，作一個詳細的說明。

### 一、專案經理

#### ㈠訂定組織分工表

建廠工程專案得標後，第一件工作就是確定專案組織，並訂定組織分工表。如果此建廠組織是公司 ISO 制度內既有的組織，亦即此組織分工已涵蓋在公司體制及文化內時，一張組織表即可讓組織運作順暢，但如果此組織是臨時編組，有多個公司甚至多個國家的工程師組成，則除了組織表外，還應有各職務的工作敘述（Job Description），此工作敘述需每一個人都有一份，內容需包括他的工作項目，工作時間，誰是這個職務的主管，這個職務轄管哪些人。此工作敘述應越詳盡越好。未來在專案執行期間，會有許多組織分工的磨合，若在工作上有衝突或運作不順暢時，專案經理需檢討每個人的工作敘述後，再作調整。

#### ㈡與業主完成簽約

當業主將建廠工程專案決標給建廠統包商後，建廠統包商即應盡速完成以下作業，以便與業主完成的簽約：

1. 有一些工程，業主在招標文件中允許建廠統包商提出建議選項，有的則是決標後取得優先議價權，無論何種模式，建廠統包商都需將確定的方案及最後價格提交業主核准後，據以製作合約。
2. 當決標後，決標價格一定會與預算底價不同，此時所有業主的預算單價表均需依比例調降，建廠統包商應依此原則製作新的合約單價表送業主審核，並據以製作合約。
3. 有些工程合約，要求得標廠商在得標後，需將押標金轉換成履約保證金，另外有些合約業主允許建廠統包商在簽約後立即取得 10%～20% 的訂金或預付款，這些銀行帳戶準備工作均需進行先期作業。
4. 前述作業完成後，需至少製作合約正本兩份，雙方各持一份。國際慣例通常合約正本的每一頁均需雙方代表簽名，國內的合約則通常要求蓋騎縫章。
5. 最後經過雙方授權代表簽字後，正式完成簽約。

## ㈢與業主召開開工會議，確認專案連繫準則

當建廠工程專案決標後，業主及業主委託的顧問公司通常會主動召開開工會議（Kick Off Meeting），在開工會議中，會討論業主／顧問公司及建廠統包商在專案執行期間的聯絡方式及合約執行重點，內容最少包括如下：

1. 介紹雙方參與建廠專案的人及組織分工。
2. 合約工期及各重點里程碑日期確認。
3. 雙方的連繫電話、傳眞、E-mail 及信函送達地址等之確認。
4. 雙方來往信函格式及編碼方式討論（必要時可約定採取流水號編碼，以避免漏失）。
5. 圖說審查送審相關事宜（標準圖框格式、圖說進版方式、圖說送審份數）的討論。
6. 建廠專案進行過程中，雙方互動應有的程序。

## ㈣訂定全廠分包（Subcontracting）策略

建廠統包商很重要的工作就是將建廠所需完成的工作予以分包，並居間負責整合。分包策略有採取垂直分包（以實體建築或區域分包，亦即各建築物及其內所有設施由一分包商統包）與水平分包（將設計、製作、交運、安裝分別交給專業廠商負責）兩種，除非是超大型的專案，一般都採取水平分包，或兩者混合。專案經理需先決定分包策略，並規畫各分包介面的處理方式與發包時程後，交給採購訂定採購計畫。

## ㈤完成專案執行預算並取得公司核准

當與業主完成簽約後，依據合約金額及各分項工作科目，專案經理應立即訂定專案內部的執行預算，並送公司決策階層核可。在訂定執行預算時，所有的分項工程，都應至少取得 2～3 家廠商的報價（大部分的工作在備標階段應已完成），其預算才能編的合理可執行。編定預算時，除了應參考廠商報價外，還應參考公司內部的工程預算科目及回顧類似工程的歷史結算資料，檢核預算是否有漏項。

## ㈥完成必要的銀行融資及現金流量計畫

建廠工程所需的資金非常龐大，通常在合約中，業主會先支付預付款作爲先期工作費用，否則必須由建廠統包商準備先期工作所需之周轉金。此時專案經理應該依據核准的預算及建廠時程，擬定現金流量計畫表，若有現金流量不足時，應設法至銀行進行專案融資，取得必要的資金。

## ㈦訂定計畫文書管理作業程序

建廠工程專案開跑後，隨即而來的有許多文書，如採購單、計畫書、設計圖等，需完成相關的分送、簽核、發文等作業，才能讓後續作業繼續推動。因此專案經理應先訂定專案文書管理作業程序，明訂各作業的流程及權責關係後公布施行。

### ㈧督導各部門完成相關先期作業

建廠工程初期作業千頭萬緒，需要靠組織運作共同合作才能就緒，因此專案經理很重要的工作就是進行組織整合的工作，同時督導各部門完成關的先期作業（圖 5-3）。

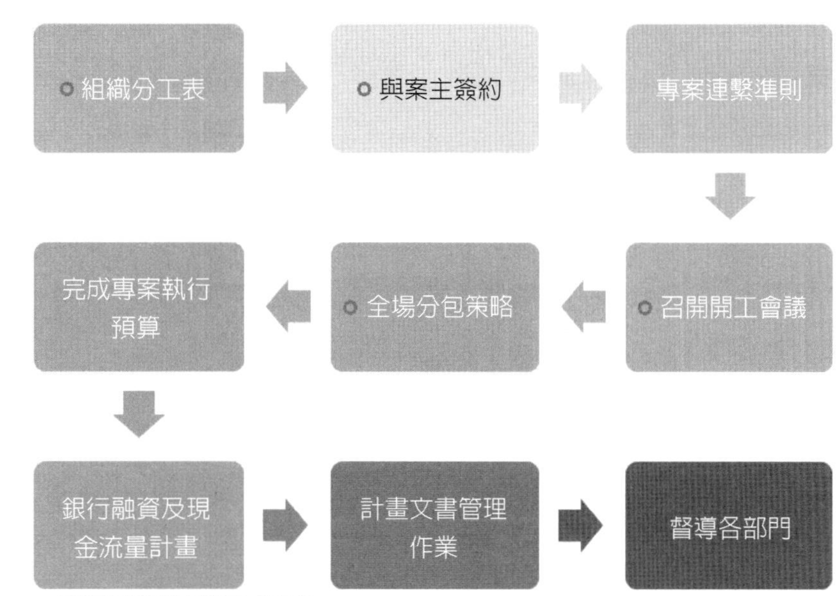


圖 5-3　專案經理開工應完成事項。
（方偉光技師／製圖）

## 二、控制部門主管

### 1. 擬定專案里程碑及主計畫時程表（Master Schedule）

專案里程碑及主計畫時程表並公布施行，是專案一開始很重要的工作。里程碑應依據合約的開工日及完工日，參考過去的經驗，將整個專案時程進行大體上的切割，並視合約工期長短訂定 30～50 個應開始或應完成的時間點，如開工日、完工日、土建動工日、機械安裝完成日等都是必要的里程碑。里程碑訂定後，接著即可訂定主計畫時程表。主計畫時程表需涵蓋設計（Engineering）、製造（Manufacture）、交運（Delivery）、土建建造（Construction）、機械安裝（Installation）及試車（Try Run）等階段，全部簡稱為 EMDCIT。主計畫時程表完成後，應自其中分析出要徑（Critical Path），作為以後時程管控的重點項目。主計畫時程表訂定後，應公布施行，並要求採購部門、設計部門，及工地依此訂定更詳細的採購及製造交付時程表、設計進度時程表及工地建造及安裝時程表（圖 5-4）。

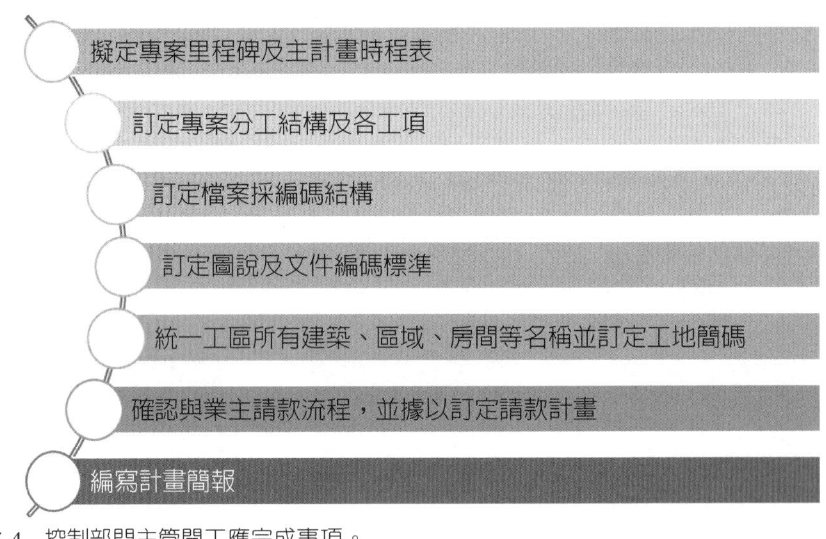


圖 5-4　控制部門主管開工應完成事項。
（方偉光技師／製圖）

2. **訂定專案分工結構（Work Breakdown Structure, WBS）及各工項**

專案分工結構是專案一開始時，最重要的工作之一，也是釐清本工程以及各分包的工程範圍很重要的工具。一般而言，業主在發包整個建廠工程專案時，已經委請顧問公司撰寫工程規範、訂定詳細工程價目表，而這些文件的編寫結構，就是統包商訂定專案分工結構的依據。有些顧問公司沒有大型工程管理經驗，因此在編寫工程規範以及編定詳細工程價目表時，沒有相互參照，並統一兩者的編碼，此時統包商需擇一選定作為建廠工程專案分工結構的依據。而未來執行建廠工程專案時，無論是排時程表、訂定採購計畫、製作各種工程管理資料庫，都應該依據專案分工結構訂定。

**3. 訂定檔案採編碼結構（File Breakdown Structure, FBS）**

建廠專案產生的文件、圖說數以萬計、甚至更多。因此專案一開始就訂定檔案編碼結構是非常重要的工作。檔案編碼結構訂定後，可以同時實施在檔案架的實體檔案（File）編碼，以及電腦主機內的電子檔案（Directory）編碼。之後並應訂定檔案歸檔程序書，所有的信函文書圖說資料等，應盡可能的將檔案編碼標示在文件上，以方便所有檔案都能依據此檔案編碼結構查詢資料並歸檔。

**4. 訂定圖說及文件編碼標準（Document Code）**

建廠工程控制部門很重要的一件工作就是檔案管理，而檔案管理的第一步工作就是和設計部門會同，一起訂定圖說及文件編碼標準，之後所有專案產生的圖說、文件及資料等，都需依據此編碼標準編定該文件的識別碼。同時此編碼標準必須告知所有協力廠商共同遵守，使全廠文件編碼及格式都能統一。圖說文件的編碼，最好亦能一併參考檔案編碼結構，亦即文件編碼（內容涵蓋文件類別、產出單位、流水號、版本）和檔案歸檔編碼（內容涵蓋歸檔位置）能結合。

**5. 統一工區所有建築、區域、房間等名稱並訂定工地簡碼**

控制部門在開工後很重要的工作就是協調各部門訂定全廠設計、製造、以及施工的統一標準。在工地尚未動工前，應依據工地施工動線以及建築物區位，訂定全廠工地分區範圍及其簡碼，分區範圍大小應有利於未來施工管理。全廠建築物及房間名稱之中英文及編號等均應統一，作爲大家溝通時的標準，以方便未來工地管理。

**6. 確認與業主請款流程，並據以訂定請款計畫書**

順利的取得業主的工程款，是工地最重要的工作。在工地開工後，控制經理應會同專案經理一同與業主開會，確認與業主之間的請款流程。有些工程顧問公司已經訂定詳細工程價目表，以此作爲未來請款之依據。但是有些統包工程只有標單作爲合約價目，而標單上的價格分項都很粗略，並未訂定詳細工程價目表，因此建廠統包商需以合約價目爲依據，將合約價目再細分，另訂請款計畫書（類似詳細工程價目表），將請款項目明確化，報請業主核可後，做爲未來請款之依據。

**7. 編寫計畫簡報**

大型的建廠工程計畫，不論是公共工程或是工業廠房，都會是上級注視的焦點，而專案內部也需要開會作簡報，因此計畫開始時，控制經理應協助專案經理編寫建廠工程計畫簡報，作爲未來工作上，上級巡視接待外賓時使用。

## 三、採購部門主管

**1. 訂定採購計畫**

建廠工程一開始，採購工作占了很重要的分量，設備若不完成採購，許多設備相關的資訊無法取得，設計部門即無法進行後續的配管設計和電氣配線設計。因此大型建廠工程，應先列出各設備材料交運至工地的時間，反推應開始製造時間及發包時間，列出輕重緩急的發包順序。原則上主要的設備，均應在一個月至半年內採購完畢。因此採購應配合專案主計畫時程表，訂定採購計畫。採購計畫應細分爲準備標單、廠商備標、廠商投標／技術澄清、開標／議價、呈核／決標、簽約等預定時程。至於管線、儀表及電氣配管材料等，須待設計完成後才能採購的設備材料，也應安排在一年內完成採購（圖 5-5）。

**2. 編訂設備材料採購執行計畫書**

建廠所需的設備材料發包費用，其實在統包商投標時已經應該確定，但在採購工作開始前，採購仍應依據分包計畫，調整整個專案的執行預算，並由專案經理轉送請核准後實施。

**3. 重要設備開始詢價**

由於建廠工程時程很緊，通常備標時間都不長，許多設備在備標時

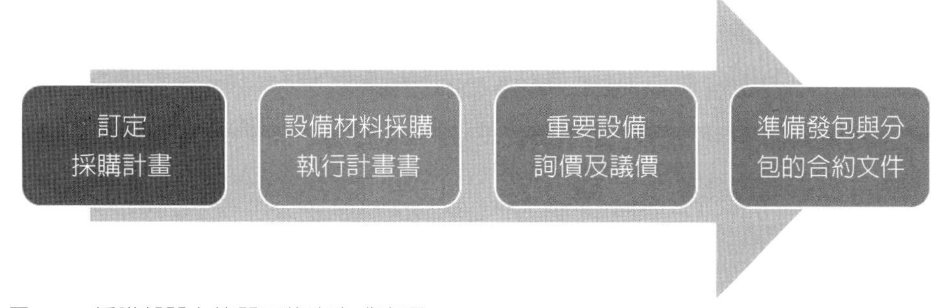


圖 5-5　採購部門主管開工後應完成事項。
（方偉光技師／製圖）

只能詢一至兩家，因此工程一開工後，採購即應將較重要以及較緊急的設備，先開始進行初步詢價工作，一般至少詢三家。等待設計部門準備好標單後，可以立即進行相關採購作業。在建廠工程的採購過程中，還需協調設計部門協助準備標單，等廠商投入標單後，還需設計工程師協助參與技術澄清會議，確認廠商標單中的技術文件或待澄清事項都經相關技術人員審閱，可以符合本工程需求。

**4. 準備包與分包的合約文件**

一般較有制度的公司都有制式的合約文件，在開始執行大型建廠工程專案時，採購應針對本工程特殊需求，先行準備相關的發包與各分包的合約文件。合約文件初稿應傳給相關部門審閱，尤其是控制部門與工地，經過集思廣益修訂後的合約在未來執行時，才不會有問題。

## 四、設計部門主管

**1. 訂定標準文件封面及工程圖框**

大型建廠工程參與的單位很多，因此在專案一開始的時候，建廠統包商應該訂定文件封面及工程圖框標準，包括圖說進版（如 0、A、B、C……版代表核准前版次，1、2、3……代表核准後版次）、圖說簽核、用印等程序。此程序需送請顧問公司核准，其後所有分包廠商均應遵照辦理（圖 5-6）。

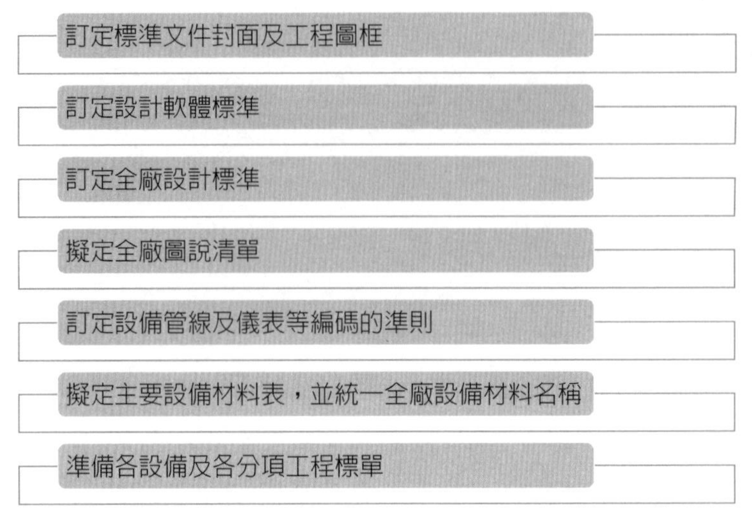


圖 5-6　設計部門主管開工後應完成事項。
（方偉光技師／製圖）

2. **訂定設計軟體（如AUTO CAD）標準**

為了全廠的設計圖能相互交換資料或參照使用，設計部門需訂定設計軟體的標準。若以規定大家使用 AUTO CAD 爲例，除了需規定版本外，還需規定圖層、線寬、比例、文字字型……等，此外，文書軟體（如 Word, Excel）也需訂定標準。

3. **訂定全廠設計標準**

大型的建廠工程，其參與的設計及製造廠商很多，有時候爲了分包方便，會將某一區域或某一系統的所有設備的設計、製造及安裝交給一家專業廠商負責。在這個時候，建廠統包商的設計部門必須在專案一開工時，就訂定全廠的設計標準，以供所有參與本專案的設計公司或系統統包公司遵循。相關的標準至少應包括鋼構標準（如欄杆、平臺標準圖）、管線標準（如管線標稱採取日規或美規）、設備電壓標準（如馬達採用 460 V 或 380 V，50 HZ 或 60 HZ）、油漆標準（包括顏色規定及所使用的標準）。

只有在一開始的規畫訂好所有相關標準，再一一的要求相關廠商遵循後，才能在採購、製造、安裝時逐一檢核、落實。未來完成的工廠才能美觀、實用。

**4.擬定全場圖說清單**

建廠工程的設計進度的計算依據就是完成的圖說數量，要了解整個建廠工程的設計工作量，第一步就是訂定全廠圖說清單。初期在擬定全廠圖說清單時，最好有參考廠的竣工圖說清單爲依據，否則必須由設計部門依據經驗擬定。當全廠圖說清單擬定後，設計部門即可由預估圖說數量來估計所需動員的設計工程師數量。控制部門則可依據建廠進度要求，檢核設計進度是否符合其需求。未來在執行時，此圖說清單會不斷的隨著實際的情況增補或修正，直到所有圖說清單確定爲止。

**5.訂定設備管線及儀表等編碼的準則，並送核准**

在開始全廠設計工作時，第一步就是訂定全廠設備及管線儀表等的編碼準則，經送請核准後，全廠所有的設備、管線及儀表編碼，均應依據此來進行。設備、管線、儀表等的編碼，有一定的原則，其編碼必須簡潔，但又必須兼顧能表達出其屬性、系統及坐落區位。

**6.擬定主要設備材料表（Master List），並統一全廠設備材料名稱**

在建廠工程的設計工作中，有許許多多的設計表單需要發展，但在開工時，第一個應該進行的是主要設備材料表，此主要設備材料表的編定應依據 WBS 結構，同時其設備編碼應依據編碼準則，其設備應完成的製造圖說要與全廠圖說清單一致。當此表編定後，其設備中英文名稱與編碼即爲日後所有採購、設計、製造、安裝時相關文件引用之依據。

**7.準備各設備及各分項工程標單**

設計部門在專案開工後，除了需立即開始制訂設計標準、擬定設計管理相關準則及表單外，還有一項工作就是支援採購部門準備工程標單中的技術部分。準備工程標單的步調，應依據採購計畫的輕重緩急，工程標單內容至少應包括工作範圍、工程項目及數量，以及應採用的規範或標準，交給採購準備發包作業。

## 五、品管部門主管

### 1. 訂定全廠品保政策

品管部門在建廠工程初期，需先依據 ISO9001/9002 的規範，擬定全廠的品保政策，包括三級品管制度的規畫，品管權責，相關設計、製造及安裝品管程序等（圖 5-7）。

圖 5-7　品管部門主管開工後應完成事項。
（方偉光技師／製圖）

### 2. 訂定全廠品管計畫

在品保政策訂定後，緊接著要訂定的是品管計畫。此品管計畫需涵蓋全廠的設備及材料，詳細規定該設備或材料應該進行的檢測，以及應提交的憑證或報告。各項設備材料的詳細品管計畫應於設備及材料發包前完成，讓協力廠商有所依循。

### 3. 訂定全廠品管表單

原則上製造品管的表單應尊重製造廠商原有的格式，但是工地使用的品管表單應由建廠統包商的品管部門統一規畫訂定，並於工地動工前完成。

# 第四節　工地動工前後應準備工作

當業主的建廠工程細部設計由顧問公司負責，建廠統包商只負責依圖施工時，統包商在開工後即應積極的準備工地動工相關事宜。工地動工前後應完成的準備工作很多，第 11 章有詳盡的說明，以下僅列出應完成項目，以供工地部門檢核。

## 一、擬定工地執行計畫，並送業主及顧問公司核准

1. 假設工程設施計畫。
2. 整體施工計畫（包括工地建造及安裝時程表）。
3. 整體工地品管計畫及相關品管表單。
4. 棄土計畫。

## 二、協助專案進行先期準備工作

1. 準備工地預算執行計畫送請總公司核准。
2. 開始清圖與清料並隨時與設計部門澄清施工圖說與材料。
3. 準備相關工地管理用表單及各項工作執行程序流程圖。
4. 協助公司完成協力廠商工程發包。

## 三、進行工地點交及周遭環境界定

1. 與業主進行工地點交。
2. 工地測量並訂定測量基準點（必要時由地政機關辦理鑑界）。
3. 工地鑽探（如有必要）。
4. 辦理鄰房鑑定（工地如有鄰接鄰房時）。
5. 辦理施工前環境影響評估報告中之應辦事項（大型工程已作環境影響評估時）。

## 四、工地假設工程施作

1. 圍籬及大門。
2. 工程告示牌。
3. 工務所室、檔案室、茶水間、會客室、工具貯藏室、廁所及業主／顧問公司辦公室等。

4. 工務所辦公室設備及家具文具。
5. 工地臨時廁所及垃圾集中場。
6. 洗車臺。
7. 設備材料庫房及堆置場。
8. 鋼筋、管線、風管等材料加工場。
9. 工地用電變壓器、配電盤及發電機。
10. 工地用水管線。
11. 工地夜間照明。
12. 工地臨時排水系統。
13. 工地工安標語及告示牌。

### 五、向相關主管機關辦理申請或申報

1. 向建管單位申報開工。
2. 向工程會申報工地主任及品管人員。
3. 向勞檢所申報勞安人員。
4. 向電力公司申請工地臨時用電。
5. 向自來水公司申請工地用水。
6. 向電信公司申請電話及 ADSL。

### 六、籌辦動土典禮

1. 發邀請函邀請業主、新聞界及當地民眾參與。
2. 整理工地、採辦香燭，準備新聞稿。
3. 辦理動土典禮並接待外賓。

## 第五節　專案管理的重點要項與心法

建廠工程專案管理的最終目的就是在一定的預算內、符合品質的條件下如期完工。要達成這個目標，必須集合一批專業人員，透過一定的程序

逐步完成。因此專案管理的工作可以歸納爲四大部分（圖 5-8），亦即：

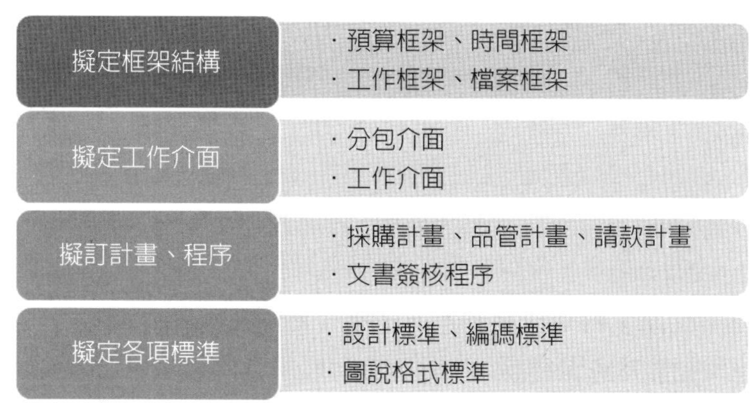


圖 5-8　開工應辦事項管理重點與心法。
（方偉光技師／製圖）

1. **擬定框架結構**

如預算框架（訂定執行預算）、時間框架（訂定里程碑及各項計畫時程表）、工作框架（訂定專案分工結構 WBS 及主要設備材料表）、檔案框架（訂定全廠圖說清單及檔案編碼結構 FBS）。

2. **擬定工作介面**

如分包計畫中的分包介面、各職務工作敘述中的職務介面，各程序書的工作介面……等。

3. **擬定各項計畫與程序**

如採購計畫、品管計畫、請款計畫、文書簽核程序……等。

4. **訂定各項標準**

如設計標準、編碼標準、文件圖說格式標準……等。

在執行專案管理的過程中，專案團隊還應隨時整合與督導每一項工作，讓每一項工作都有 PDCA 循環，亦即各分項計畫都有規畫（PLAN）、執行（DO）、檢核（CHECK）、修正（ACTION）的良好循環。其中專案管理團隊要有能力做好規畫的工作，各主管必須要有視野

（Vision）以及相關經驗（Experience），要有能力定義工作範圍及工作項目，同時依據工作項目擬定相關計畫，然後分配工作並開始執行。在執行的過程中，各主管必須定期或不定期檢核其屬下或分包商的工作，若有任何品質或者完成時程的問題可能或開始發生時，必須預先防範或立即採取修正行動。

## 第六節 結論

專案管理原本就是一種專業，大型工廠的工程專案管理更是需要累積許多專業知識及專案經驗後才能順利推動，整個專案管理團隊的主要工作，就是在腦海中建構一個建廠工程願景的藍圖，透過計畫書、圖與表單讓每一個人了解這個願景與正確的前進路線，同時提供一個良好的工作環境給所有參與此工程的人，讓每一個人都能在所分派的職務上有效率的工作。唯有在良好的工程管理下建構出良好的工作環境，建廠工程團隊才能在一定的預算、時間內達成建廠工程的目標。

## 問題與討論

1. 建廠工程應達成的三個目標是哪三個？
2. 什麼是「統包」發包模式？
3. 建廠工程專案開始後，應辦哪些工作？
4. 建廠工程工地動工後，工地應辦哪些工作？

# 第六章
# 建廠專案預算管理與控制

## 重點摘要

如何在預算內、符合品質的條件下如期完工，是參與建廠的工程師們一致努力的目標。而預算管控的達成，除了要靠開源節流外，正確的成本與投標金額估算，恰當的預算科目編列與執行等，都是很重要的手段。本章節以計畫、執行、檢核、修正的計畫管理循環為依據，介紹大型建廠工程的預算計畫擬定，其相對預算科目的執行，以及預算計畫檢核以及修正方法，最後再總結預算管控成功的必要條件，使整個建廠工程的預算管理與控制有一個輪廓。

## 第一節　預算管理與控制的心法

錢是控制建廠工程順利進展的最大因素，也是企業主及營造廠老闆評斷專案是否成功的評量標準，而「錢」的開銷掌控與拿捏是一門藝術，很難用一定的方法去執行，但「預算」的管理卻是一門科學，將「錢」的管理納入預算制度內予以控制，是建廠工程很重要的一環。建廠工程預算控制的心法，和所有控制的心法一樣，都是以計畫擬定（Plan）、執行（Do）、檢核（Check）、修正（Action）等四個步驟不斷的反覆進行，一般以 P、D、C、A 四個英文字母來代表（圖 6-1）。

也就是說在建廠專案籌備階段或備標階段，先擬定詳細的成本及預算計畫，得標簽約後依據規畫的時程執行各項工作，在執行過程中，不斷的查核是否照表操課依計畫進行，各個項目若有超出預算則檢討原因，除了先挪用其他預算科目的預算額度以因應外，還應檢討消除預算超支的因

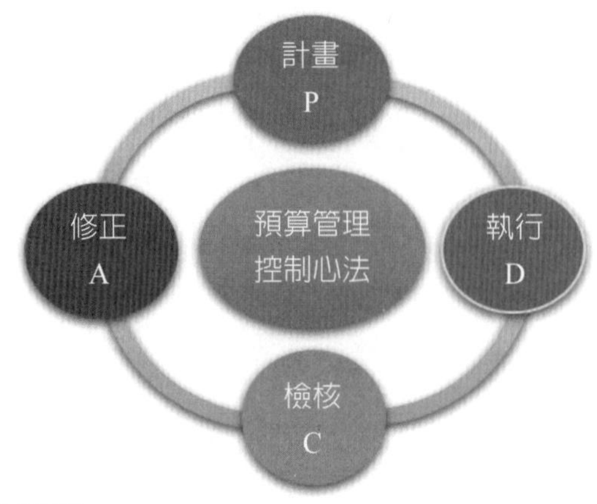


圖 6-1　預算管理控制心法。
（方偉光技師／製圖）

素，同時修正計畫，另訂預算修正計畫以彌補先前超支的預算。

此外，建廠費用是否能確切控制，很重要的一點就是建廠專案的總負責人是否在執行前已經有相當程度的經驗，且對本計畫的執行已經有一整套的路線圖在腦海中，可以組織以及指揮一個各適其所的團隊，適時並逐步的建立計畫並推動計畫執行。

本章節就依各階段應執行的工作進行詳細的解說與分述。

## 第二節　建廠成本估算

一個建廠工程專案從建案開始，首先是規畫階段，也就是可行性評估階段。在可行性評估時，由於尚未開始設計，無法知道詳細的工程數量，因此在報告中僅能根據類似廠的建廠歷史紀錄，以及初步規畫的廠房樓地板面積來估算可能的建廠費用。此時估算的費用稱爲概算，通常作爲建廠業主向董事會，或政府部門向議會爭取預算的依據。等到建廠經費到位，業主委託顧問公司開始設計並準備招標文件後，顧問公司會依據基本設計甚至細部設計結果進行初步的預算估算及編列，其估算所得的費用，經業主核定後則是作爲建廠工程招標的底價。此爲業主方的成本估算。値得注意的是，如果業主與顧問公司的合約訂的是細部設計時，顧問公司提供的除了是細部施工圖說外，還應負責檢料，並提供材料清單，有了材料清單，成本自然可以抓的更精確。

建廠工程雖然涵蓋土木、建築、機械、配管、電氣等專業，但是基於介面管理及預算管控考量，一般業主都採取統包（Turnkey）或聯合承攬（Joint Venture）的模式發包，亦即由一家或一個團隊組合負責承攬整個工程，當招標結果能在底價內決標時，業主方的預算管控可以說完成了一半，剩下來的一半是督導承包商的施作品質與工期。若承包商能在期限內建造完成一定品質的工廠，業主方的預算管控才算大功告成。倘若工期有延誤時，則按照合約上訂定的工期延誤違約金予以罰款，工期違約金以日計算，一般罰款介於千分之一至千分之三之間。

## 第三節　預算計畫擬定

### 一、預算科目設定

每一個有制度的公司，其公司內部都有其會計科目（Code of Account）的編定，亦即所有經費收支，都要歸類在一定的科目架構下，同類型的收支帳，需併在相同的會計科目帳內，以方便編定預算，統計相關收支是否符合該科目預算設定。建廠工程專案的預算管理也需符合這種精神，在專案一開始的時候，就要釐清整個預算科目。

一般國際海外工程慣例，工程上的預算科目架構，大體上如表 6-1。由於每個建廠工程內容以及工程分包可能不同，因此在編定預算科目時，架構上可以參考表 6-1，但在細目上則應遵照公司內規，業主招標文件或合約的報價單或詳細價目表，並視實際分包需求再予細分。在編定預算科目時，以下爲注意事項：

1. 每一個分包的工程項目（包括工程、材料、或勞務採購）都應編定一個預算科目，並依據合約或招標文件的報價單或詳細價目表的結構作爲預算科目的結構。最後並應依據表 6-1 檢核所有預算編列的完整性。

表 6-1 建廠工程國際上常用之會計科目編定範例

| 類別 | | | 會計科目 | 應涵蓋內容 |
|---|---|---|---|---|
| 合約價格 | 建造費用 | A.直接工程費用 | (一) 設備及材料費用 | 所有建廠工程永久使用之設備、設施及材料費用，包括<br>1. 主要設備材料<br>(1) 土木建築設施類：如鋼筋、砂石、磚瓦、水泥、門窗、主調設施等。<br>(2) 設備類：如鋼構、泵、空壓機、桶槽、管線、電線、儀表、保溫材、油漆……等。<br>2. 附屬材料：如焊條、螺栓、螺帽……等。<br>3. 直接工程暫用材料：非屬永久設備或設施，但為建造永久設備設施所需之暫用材料，如鷹架、臨時支撐、及其他必要之工具材料……等。<br>4. 消耗性材料：如氧氣乙炔、鋼刷、軟管、麻布……等。 |
| | | | 1. 設備及材料供應費用 | 屬 (一) 項次的永久使用之設備材料供應 |
| | | | 2. 設備及材料運輸（含保險）費用 | 屬 (一) 項次，在當地採購的永久使用之設備材料運抵工地費用（含海空運包裝、運輸、暫存、通關、稅賦、保險，下貨至工地倉庫等費用）。 |
| | | | (二) 直接勞工費用 | 永久使用之設備材料安裝所需之勞工費用，包括<br>1. 執行直接工程所需勞工。<br>2. 執行直接工程必要之暫時性工程所需勞工。<br>3. 執行工地間設備物料運輸所需勞工。<br>4. 執行設備操作所需勞工。 |

| 類別 | 會計科目 | 應涵蓋內容 |
|---|---|---|
| | | 以上勞工費用包括所有的費用，如薪資、加班費、保險、津貼、稅捐、獎金、必要的交通、居留、簽證……等費用。 |
| | ㈢ 建造機具費用 | 永久使用之設備材料安裝所需之建造機具（如挖土機、吊車、打樁機、水泥車、電焊機、榔頭扳手等手工具……等）費用，包括機具使用期間的折舊、租借、拆裝組合、維護、修理、燃料、耗材……等費用。 |
| B. 間接工程費用 | ㈠ 假設工程費用 | 工地非永久設施所需之建造安裝費用，包括<br>1. 房屋建築：組合屋、倉庫……等。<br>2. 其他設施：臨時道路、排水、橋梁、圍籬、告示牌、廁所……等。<br>3. 臨時安裝設施：防墜網、防塵網、警告標語、臨時照明……等。 |
| | ㈡ 運輸（含保險）費用 | 海外設備材料之運抵工地費用。 |
| | 1. 海外採購的設備材料 | 除 A.㈠ 2. 項次外，屬海外採購的永久使用之設備材料運抵工地費用（含海空運包裝、運輸、暫存、通關、稅賦、保險、下貨至工地倉庫等費用）。 |
| | 2. 假設工程 | 所有假設工程所需材料之運輸及動員費用（含海空運包裝、運輸、暫存、通關、稅賦、保險、下貨至工地倉庫等費用）。 |
| | ㈢ 設備及材料倉管費用 | 工地倉管營運所需之費用（如倉管員人力、吊車、堆高機、置物架、倉管耗材……及必要的開箱檢驗費用）。 |
| | ㈣ 監造及管理人力費用 | 所有工地所需之監造管理人事費用，費用包括所有的費用，如薪資、加班費、保險、津貼、稅捐、獎金、必要的交通、居留、簽證等費用。 |
| | 1. 公司員工 | 屬 ㈣ 項次之公司員工人事費用。 |

| 類別 | | | 會計科目 | 應涵蓋內容 |
|---|---|---|---|---|
| | | | 2. 臨時雇員／勞工 | 屬㈣項次之保全、清潔、司機等臨時雇員費用。 |
| | | | ㈤差旅費用 | 包括國外差旅、國內差旅，差旅所需之機票、車／船票、旅館、住宿、餐飲津貼、證件申請，國外長期駐留所需之個人保險、醫療、預防注射等費用。 |
| | | | 1. 公司員工 | 屬㈤項次之公司員工差旅費用。 |
| | | | 2. 臨時雇員／勞工 | 屬㈤項次之臨時雇員／勞工差旅費用。 |
| | | | ㈥工務所營運開銷費用 | 含工務所管銷及雜支費用，工地水電費用，品保品管雜支，工安及保全雜支，環保及衛生雜支，電信通訊郵件費用文件製作、影印、文具、公關費用……。 |
| | | | ㈦總公司開銷費用 | 總公司支援本專案之開銷費用。 |
| | | | ㈧保險、稅、及規費 | 含工地需投保之保險、所有相關稅捐及所有證照規費、簽證費。 |
| | | | ㈨設計費用 | 含機、電、儀、土建外包設計費。 |
| | C. 管銷及利潤 | | ㈠營銷及利潤 | 含管銷、利潤及保固費用、風險費用及工程預備金。 |

（方偉光技師製表）

2. 如果建廠統包商是發大包（例如整個廠房建築物發給一家承包商，所有的機電安裝發給一家承包商等），建廠統包商在塡標單或定預算時，一定要將相關圖說交給二至三家可能的承包商詳細計算數量並估價。

3. 如果建廠統包商的分包策略是採取發小包的方式（例如將土建工程細分爲鋼筋、模板、混凝土澆置……等專業小包）時，數量必須自己算，然後交由專業小包報價，但此時許多工程介面要靠雜工來處理，編預算時需設定雜工預算。

4. 如果此建廠工程由業主負責設計時，投標前務必詳細檢核圖說，檢核報價單的項目是否完整，數量是否正確。原則上，需採購的項目都需要列預算，因此圖說中需承作，而詳細價目表中未列的項目，都屬漏項應予補足，並於得標後要求業主予以增補。
5. 有些工程項目一般業主及顧問公司不會列入詳細價目表（如測量、放樣），而投標廠商卻因人力規畫，或公司慣例，需將其外包給相關廠商進行的工作，則需再增列入成本估價中。
6. 有些工程項目，一般業主及顧問公司的詳細價目表列爲一式計價（如泥作工程），但在實際發包時可能自行採購材料，然後雇工進行，此時工項還需再細分。
7. 有些工程項目，一般業主及顧問公司的詳細價目表列爲一式計價，但在實務上需細分許多工種（如開挖可再細分爲擋土支撐，土方開挖，點井抽水），此時需視分包規畫，個別詳列預算項目。
8. 即使經過詳細的規畫，仍可能有些工程項目沒有料想到，或者金額很小，無法在工程一開始時預估到，因此預算科目中需編有一項預備金（Contingency），以作爲此類應該進行，卻無預算科目可執行的項目，作爲其執行上的預算依據。

## 二、分包計畫擬定

訂定預算計畫在考慮預算科目的同時，還需考慮各個預算科目的分包計畫，分包計畫依據其涵蓋的介面，有水平分包、垂直分包兩種模式（圖6-2）。

當專案爲海外整廠輸出工程，安裝人力需在海外尋找，或者曾合作過的建造安裝廠商可以整合設備、管線及電氣工程的安裝，價格很有競爭力，但是財務能力不佳，無法調度資金以購買材料設備，此時可以採用水平分包，統包商負責供應設備及材料，安裝廠商負責全部安裝。當建廠統包商有很好的機電儀各領域的配合廠商，且每一家都有能力連工帶料一起

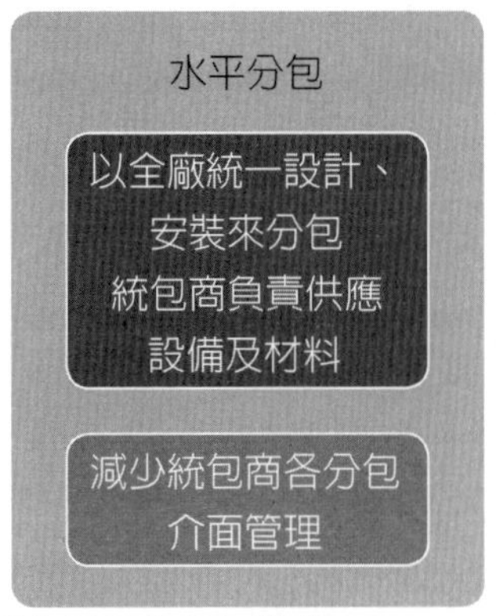


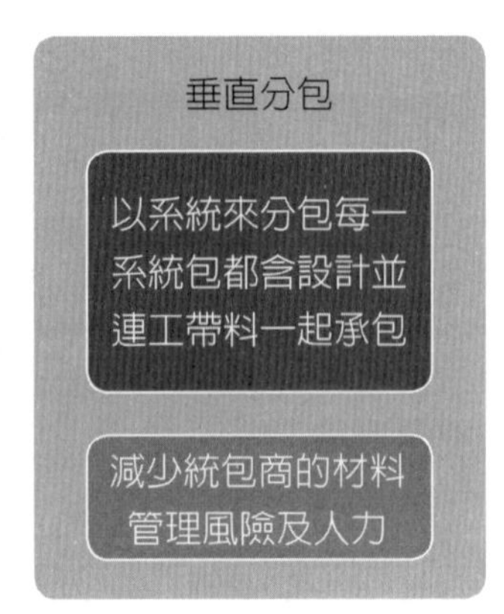


圖 6-2　水平分包及垂直分包模式。
（方偉光技師／製圖）

承包，此時可以考慮垂直分工模式，以減少統包商的材料管理風險及人力。各種分包方式都有其考量因素，各專案應考慮相關利弊得失，訂定自己的分包計畫（圖 6-3）。

| 設計 | 廠房建築<br>結構設計 | 廠房建築<br>裝修設計 | 機電工程<br>機電設計 |
|---|---|---|---|
| 採購 | 材料採購 | 材料採購 | 設備材料採購 |
| 施工／安裝 | 結構施工 | 裝修施工 | 設備安裝 |
| 試車 | | | 設備試車 |

圖 6-3　水平分包與垂直分包概念圖。
（方偉光技師／製圖）

擬定分包計畫的精神就是「將工作交付予有能力承擔且價格具有競爭力者」。「能力」不只指有「經驗」，還包括有「管理」、「動員」及「財務周轉」的能力，四者缺一不可。

## 三、投標價格及預算設定

當科目預算及分包計畫都已大致有底後，此時其應依據招標文件中的工程範圍及內容，由工程師依據圖說檢料，詳細計算工程數量。必要時還應預估施工效率、計算人工及機具需求，同時亦應請擬發包的協力廠商，請其報價。在此同時還應估算由公司支付的假設工程費用、動員費用、工地水電、人事管理費、風險準備金與利潤等，以決定預算以及投標價格。

一般在進行建廠投標價格估算時，亦相當於在編定未來得標後的執行預算。編定時，應依據下列原則進行：

## (一)直接工程費用

1. 對於材料，需核對圖說，詳細計算其數量，尤其是鋼筋、模板、混凝土、鋼構等大宗土木材料，與管線、纜線等大宗機電材料，其數量影響成本甚鉅，應詳實查核。
2. 依據分包計畫的規畫，無論其屬於工程採購標，或只購買設備材料，甚至只發包勞務，都應邀請至少三家廠商估價，如果涵蓋面完整，則由詢價回來的報價書，以由下至上（Bottom Up）彙總的方式，可以評估可能的成本。
3. 採購設備材料時，最好要求其送達工地。此工程若為海外整廠輸出，則需另估計運輸費用，此費用還包括貨物包裝、海空運輸、通關、內陸運輸直至貨物落地等費用。
4. 除了向可能的投標商詢價外，成本預算還可以用由上至下（Top Down）的方式編列，亦即直接由統包商資深估價工程師，參考近似廠的歷史造價以及其各分項費用配比訂定預算。如果工程數量確定，可以用數量乘上由公司內部或相關期刊的查得之最新物價資料庫之單價，得到該項工程預算。如果數量無法確定，則以歷史數據及經驗值編定，由此方式彙總後，也可以得到建廠直接工程成本。
5. 最後，決策者應同時參考由下至上以及由上至下兩種方式所得的成本，決定一個折衷值。對於有潛在漲價可能的材料，尤其其數量很多時，必須將漲價因素考慮進去，同時為了降低風險，在得標後最好依據投標價格一次預定購足所有的材料。

## (二)間接工程費用

### 1. 假設工程費用

假設工程費用涵蓋很廣，包括圍籬、大門、工程告示牌、工務所、工務所辦公設備與家具、臨時廁所、臨時變電站、臨時水電、洗車臺、庫房及材料加工廠等，都應依據歷史資料或廠商報價資料編列預算。

### 2. 工地人事費用

工地人事費用約占整個建廠工程經費的 1%～3%。若建廠工程規模很大，且採取發大包的方式，則工地人事費僅占總工程費的 1%，甚至更少，若工地採發小包的方式施作，工程師需負責規畫，清圖、清料、叫料、監造及介面管理等工作時，則工地人事費用需編至直接工程費用總和的 2%～3%。

### 3. 專案人事費用

專案人事費用是指在公司支援的人力人事費用，包括設計審查、計畫書撰寫、採購、會計、人事及專案管理等人事攤提費用，一般約占整個建廠工程直接工程費用總和的 1%～2%。

### 4. 設計費用

若建廠統包商需負責設計時，應將相關的設計費用列入預算。一般設計費用（含土建、機電細部設計及材料檢料）約占全廠直接工程費用總和的 3%～7%，視工程的大小、複雜性及設計內容而定。

### 5. 工務所管銷及雜支費用

包括工務所每月應有的開銷雜支，如影印、文具、祭拜、飲水、工具、電話、網路、通訊……等費用。視實際需要編列。

### 6. 工地水電費用

包括施工所需之臨時用水及臨時用電費用。此費用較難估計，需參考類似建廠專案的歷史資料編列。有些建廠統包商會在與下包的合約內規定，將工地水電費用分攤給下包商承擔。

7. **品管及品保費用**

包括合約規定的一些樣品展示、材料檢驗、工程品管檢驗、第三者公證、以及品管文件費用。可視實際需要編列，但有些業主會強迫承包商編列工程費 0.5～1% 的比例作為品管費用。

8. **工安及保全費用**

包括大門警衛、倉庫保全、工安設施、個人護具等費用。國內公共工程一般都會強制規定一定的比例作為此工安費用。

9. **環保、衛生及清潔費用**

包括工地清潔、垃圾處理、環境監測，此外，工地移交給業主前，整廠整理及清潔的費用也必須列入。國內公共工程一般都會強制規定一定的比例作為此費用。

10. **證照規費**

建廠過程中，由於涉及到公共安全或專業技術審查等問題，許多設施都必須申請證照並繳納規費，如供水、供電、消防（設計及安裝審查）、工安（壓力容器、電梯、起重機、危險工作場所）、環保（空汙費、水汙染及空氣汙染防制設備計畫審查）、其預算應包括相關的技師簽證費用。

11. **保險費用**

包括綜合營造險、海空運輸險等。一般業主在合約中都會規定保險預算最低金額，以及自付額上限，建廠統包商需依合約或自己需求訂定保險預算。

12. **公關費用**

公關費用的編列及使用是一門藝術，但是不能不編列。編列後在使用上須嚴格管控。

13. **風險費用及工程預備金**

一般在工程上至少都會編列工程經費比例 10% 的費用作為風險費用及

工程預備金（Contingency）。此費用主要用在幾個地方：

⑴漏估項目（當初預算未編列，未發包）。

⑵其他預算科目超支時，挪用此科目。

⑶不可抗力造成工程損失，保險未涵蓋項目。

⑷因應天災人禍，工地緊急應變支用。

14.**管銷、利潤及保固費用**

預算中的利潤預算，會涉及到投標價格，影響到得標機會，因此都是由公司決策者在投標前綜合研判後再決定。此外，大部分的建廠工程合約都會有要求合約總價 2%～5% 的工程保固金，以保證票或信用狀的方式押在業主，待 1 年～3 年保固期結束後才會退還。此保固的風險應移轉給設備供應商，否則就應訂定預算。保固期滿後，退回來的費用就是額外利潤。

當工程預算編列後，塡寫標單時，一般都還會視需求調整各項目配比（例如比較先作，以及比較容易完成的項目，其金額予以放大），許多業主以及公共工程爲了防止這一點，在合約中也會規定得標後，在訂定合約時，各工程細目之比例依據業主方的比例訂定。除此之外，工程得標後，計畫經理應依據得標價格，盡速再次與主要的可能分包商議價或確認報價，重新調整一次所有預算，送公司高層或董事會核准，以便盡速開始執行計畫。

## 第四節　預算計畫執行

由於工程預算的掌控恰當與否，其賺賠與否，涉及到公司的營利甚鉅，因此企業經營者或是營造公司經營者通常都是親自參與，或者指派高階經理人擔任專案督導，負責預算執行及管控。以下分爲預算執行授權、支出預算執行，對業主以及協力廠商合約與計價管理等與預算管理有關課題，分項說明（圖 6-4）如下：

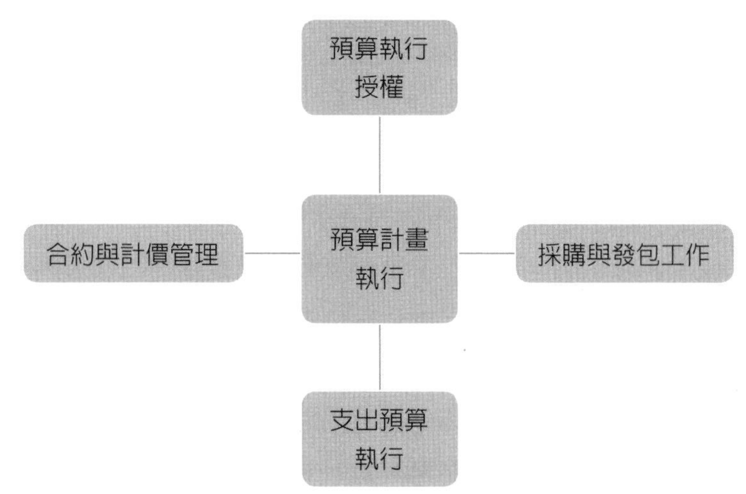


圖 6-4　預算執行的四個面向。
（方偉光技師／製圖）

## 一、預算執行授權

負責預算管控的企業經營者及高階經理人時間有限，且通常都要一次照顧許多專案，要能有效率的執行管控的工作，較常見的作法是在專案開始前就編定好細部執行預算，再授權專案經理以及工地經理執行。此細部執行預算要靠有經驗的工程師編列，專案經理一同參與，且訂的越詳細越好。預算科目應將各工作的分包（Subcontracting）預算（通常爲連工帶料），材料及工具預算，勞務預算等分開編列。

當全部預算編妥後，還應配合整個工程的主計畫時程表（Master Plan），將所有可能的收入及開支攤列在時程表上，製作成現金流量表，由現金流量表上的收支金額加總，研判此專案的財務是否可以自給自足，是否需要公司先行墊款或向銀行融資。等到一切計畫都擬定好，經過公司經營者或者專案督導審核簽署後，即可發交相關人員執行。

在計畫執行期間，只要是經預算核定的項目，都由專案經理或工地經理直接交辦，依據一定的流程執行，當遇到有超過預算項目的情形時，才送到專案督導處核可決行。此外，工地常有許多氣候、工安或施工等突發意外狀況需作緊急處分，此時工地經理應該有一定的授權金額來處理相關事件，此授權金額應明訂於預算計畫書內。

## 二、採購與發包工作執行

工程採購與發包的恰當與否，是預算管控最重要的一環，因此許多公司都將採購部門獨立出來，直接由公司負責人、其親信或高階主管管控並做決策。但無論何人做決策，都需要詳細的工程數量清單，相關的市場資訊、以及廠商報價等幕僚作業都完備後，才能盡其功。以下就不同的採購標的，其應完成的幕僚作業重點說明如下：

### ㈠工程採購

工程採購指分包採購時，廠商負責的工程是連工帶料，甚至有些需含設計在內的採購案，工程採購案應注意要點如下：

1. 工程採購案的程序，通常都有詢價、技術澄清、議比價及最後議約等過程，其中技術澄清的目的，在於由廠商檢核並確認能遵循所有的規範，同時能提出必要的技術資料以供顧問公司審查。通過技術審查的廠商始能參與議比價程序，並送決策高層進行最後議約（圖 6-5）。

圖 6-5　工程採購程序。
（方偉光技師／製圖）

2. 建廠統包商因需負責全廠整合，因此對於管線、保溫、油漆、儀電、平臺、欄杆、銘牌……等，以及設備、圖說命名編碼等，所有需要統一的地方，都應在合約中規定。
3. 部分工程因時程緊湊，無法等設計完成，並完成檢料後才發包，此時可以以單價及實作數量方式發包。採用單價方式發包時，各種材料的單價必須完備，以避免未來計價紛爭。

4. 要壓低價格，唯一的方法就是資訊公開與開放公平競爭，因此如何讓資訊公開，同時創造公平競爭的平臺讓有能力及競爭力的廠商加入，另一方面，還需避免採購或工程人員綁標，是公司決策高層需特別關注的地方。

### ㈡設備及材料採購

設備及材料採購是指廠商僅負責供應設備或者材料的採購案，其採購程序及重點與工程採購案類似，需特別注意的地方如下：

1. 大宗材料由於數量很多，因此採購時須特別了解廠商的接單能量，及交貨時程。若設計檢料時間來不及，必要時可以分兩次甚至三次下單。
2. 有物價上漲趨勢的大宗材料，應盡早訂購。

### ㈢工具及器材採購

工具及器材採購是廠商僅負責租借或供應工具及器材的採購案，原則上採購後的工具器材不只用在這個專案，還可以用在後續的工程專案，因此一定價值以上的工具採購後都應編號，由專人負責保管，工程結束後需移交。

### ㈣勞務採購

勞務採購是指材料由業主提供，承包商提供技術人力完成業主指定的工作。勞務採購在訂定合約時須特別注意要點如下：

1. 訂約的對象最好是公司，且避免分的太多包，否則管理很困難。不得已時，最小單位是領班，且除了非技術性的雜工外，一般技術工都應以完成工作量來計價，而非以每日薪資若干來計價。如土建工程鋼筋工以每綁匝一噸鋼筋計價若干（甚至大底鋼筋和高樓層鋼筋價格都應不同），配管工程的銲工以每銲一口焊道 DB 數（米英尺 Diameter –

Inch）計價若干。

2. 對於技術性勞務合約，相關施工工具及消耗性材料應明訂由廠商自備。對於規範要求，或顧問要求之特殊性的施工工法亦應訂入合約中。
3. 非技術性的雜工，無法量化其效率時，一定要有工程師負責管理，否則一個工地數十個工人，若工作效率沒有呈現出來時，預算絕對無法控制。聘僱雜工時，最好與雜工勞務公司簽約，避免不必要的管理糾紛。
4. 有些重機械是人員與機具一同租用，如挖土機及吊車等。此時專案經理應選擇 2～3 家廠商，與其議價訂出各型機具的合約價格（包括每小時、每日、每週和每月租用價格都不同），呈報公司簽訂開口合約。

## 三、執行與業主的合約並向業主請款

由於許多專案的發包採購決定權是在公司，且在專案一開始前即已編定好細部預算，因此專案經理的預算管控只在於執行面。而由於所有的工作都要靠預算，亦即「錢」來推動，因此要恰當的執行預算，只有一個心法「詳細閱讀所有合約相關文件及圖說（Read the Full Contract, RTFC），並且確實而恰當的執行」，其目的在於確認並釐清所有與成本有關的工作內容，不多做也不少做。執行上應檢核事項包括：

1. 是否所執行工作的內容，確實爲合約標單所規定執行的工作，或是屬於合約外的工作？
2. 如果對於工程上應該執行的工作，但屬合約外的工作時，是否即時依據合約規定程序通知業主，同時並保留相關記錄？
3. 合約標單、圖說、與合約文字有衝突時，是否依一定程序請業主／顧問公司澄清並留下記錄？
4. 若有契約變更條件發生時，如業主指示變更、異常工地狀況（Site Different Condition）、推定性變更（Constructive Change）時，是否依一定程序請業主／顧問公司澄清並留下記錄？

當工作完成後，專案經理必須有一個觀念，「萬事莫如請款急」，一旦依據合約向業主請款後，應有專人隨時追蹤請款進度，確保工程款能順利入帳。

## 四、對協力廠商的合約管理與計價

當預算計畫訂定好，並依計畫決標給相關協力廠商執行工作後，建廠統包商與協力廠商的合約，就是具體的預算執行依據。當協力廠商或小包依據合約及計畫完成工作時，能夠盡速的給予計價，使其能如期領到款項支付其員工及工人薪水，是工地預算管理很重要的工作。當小包無法如期計價時，往往造成的後果是工人怠工，工地進度受困，不可不特別注意。此外，小包計價時還有以下注意事項：

1. 爲了公司會計作業登錄及檢核上的方便，很多公司都會規定每個月協力廠商或小包請款的送件時間，工地應要求協力廠商特別配合。
2. 工地常常會有許多狀況造成施工困難或其他原因，協力廠商要求變更合約的工法或設計，在業主／顧問公司不反對的情形下，工地應該盡量協助協力廠商辦理工地變更以解決問題，但同時需有書面的價值工程分析報告向公司報備。亦即此工地變更後，協力廠商節省下來的費用，應有部分回饋給統包商，在計價裡扣款（除非是設計錯誤，責任在統包商時除外）。需特別注意的是只要跟設計圖及規範不一樣的變更，都需呈報顧問公司請其核准，否則所有協力廠商申請的工地變更都不能同意。
3. 協力廠商的計價需依據實際工程進度，工程進度的計算需要依據實際的數量乘以可計價權重來計算，例如管線安裝以焊口計價時，完成後只能請領 80%，另 20% 須待非破壞性檢測或試壓完成後才能給付。
4. 需實驗室檢核核可的材料或工程，應待試驗合格後才付款。如混凝土材料需等 28 天試驗報告合格後，才能付款。
5. 在工地常會遇到協力廠商倒閉，財務不佳或其他原因無法支付工人薪水，造成工人人心浮動，此時可以採取的對策一是融資給協力廠商（此方案有融資風險），其二是採代收代付方式，亦即與協力廠商簽訂協議，其計價款由統包商直接支付薪水給小包或工人（此方案有工作效率管理風險）。

6. 爲了減少未知費用的風險，許多公司在與協力廠商訂定合約時，會將工地水電、保險、清潔費用等，規定由工地的協力廠商共同分擔。此時工地應訂定合理的分配方案，每個月核定各家應負擔的費用，由其請款中扣除。

# 第五節 預算執行檢核

## 一、專案自我檢核及檢核報表製作

當建廠工程專案開始執行時，專案經理就應該規畫製作一預算執行檢核總表，每日或每週定期更新，此份報表除了需每個月定期列印出來呈報專案督導以及公司決策高層外，還是一個自己反省專案執行最有效的工具。每個月預算執行檢核的重點有二：

1. 計畫執行至今是賺是賠？並預測未來賺賠趨勢。
2. 計畫執行至今現金流量如何，並預測未來現金流量是否足夠？

要檢核第一個問題，需製作實獲值（Earn Value，簡稱爲 EV，可視爲已完成可向業主請款值）執行報表，製作時應該依據各分包工作，分別計算其計畫預算值（Plan Value, PV），完成實獲值（Earn Value, EV），實際開銷金額（Actual Cost, AC，可視爲小包實際請款金額），預算與實際開銷差異（Earn Value Cost Variance, CV），預定與實際實獲值差異（Earn Value Schedule Variance, SV），最後可得 CPI 指數（Cost Performance Index, CPI，爲計畫預算值與實際開銷的比值，大於 1 時表示此單項工作有盈餘，小於 1 表示虧損）及 SPI 指數（Schedule Performance Index, SPI，爲實際完成實獲值與應完成實獲值的比值，大於 1 表示預算達成率進度超前，小於 1 表示進度落後）。當全部分包工作的檢核值計算完成後，可以乘上各分包工作權值，匯總計算出整個專案的 PV、EV、與 AC 值、以及 CV、SV 等差異，最後由 CPI 與 SPI 指數可以得知目前計畫賺賠及完成進度比率。

第二個問題是檢核現金流量及周轉的問題，有些建廠專案可以有盈餘，卻因現金無法周轉，無法付小包工資造成小包怠工，進度落後，甚至公司倒閉，而有些工地在海外，帳戶及財務需獨立，因此查核現金存量及其周轉問題非常重要。專案經理應視公司制度需求，規畫製作一專案專屬的現金流量表，隨時預測現金流量。

## 二、上級稽核

除了專案經理的內部自我檢核外，上級稽核也是不可或缺的。稽核的目的在查核所有專案管理是否依據程序進行，同時藉由各種報表顯示的資訊及數據，了解專案實際執行的情形，避免專案失控，也藉由防微杜漸，以防止可能的弊端。稽核的方式應同時採取定期及不定期兩種。稽核的對象爲建廠專案行政、會計及採購，內容包括程序面以及實質面兩方面（圖 6-6）。

### 1. 程序面

所有的開銷都必須符合程序，亦即符合公司以及專案的規定。其稽核項目包括是否所有的採購都有紀錄，該採購記錄是否符合簽核程序（一定金額以上的開銷，需要簽報相關主管核定），是否所有的變更設計都有紀錄，該變更設計記錄是否符合簽核程序。

### 2. 實質面

稽核實質面應分成兩方面，其一是解讀所有報表的統計數據其所代表的意義，以及應採改善對策。其二是發掘隱藏在報表後面的眞相。例如當所有開銷都符合程序時，稽核人員還應進一步探索是否有實質面的缺失或弊端發生，此類的缺失或弊端通常都是人謀不臧，刻意造成的，內容包括

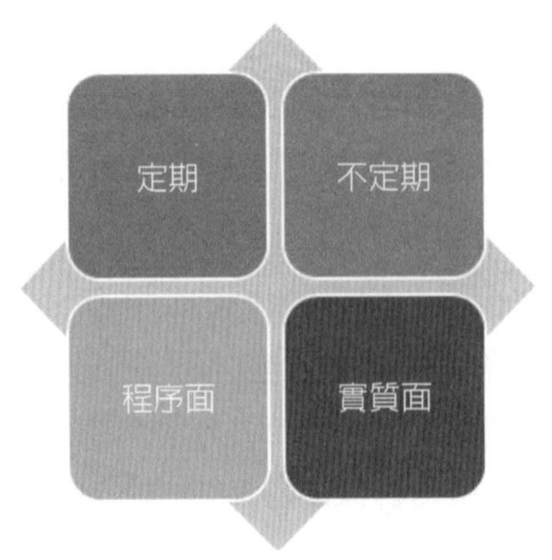


圖 6-6　稽核的不同面向。
（方偉光技師／製圖）

僞造記錄、安排綁標、圍標、或是採購金額異於平常等。要發現實質面的弊端，必須靠經驗以及比對過去採購的採購金額資料庫，而蒐集此類弊端的證據非常困難，需要特別小心，否則會影響士氣。

## 第六節　預算計畫修正

預算管理的計畫（Plan）、執行（Do）、檢核（Check）、及修正（Action）是一個循環，當檢核結果不符合當初預期時，就應該立即採取行動。計畫修正行動內容包括廣泛，小者如再加強開源節流，以避免虧損持續。大者如遇上物價上漲或不可抗力，造成原預算計畫難以執行，需重新訂定預算計畫送公司高層甚至公司董事會核可，以利後續工作能順利推動。或者公司認爲專案執行至一半已虧損連連，該專案經理顯然不適任應予撤換等，都是屬於計畫修正行動（圖 6-7）。

## 第七節　預算控管能夠成功的必要條件

以上雖然談了許多預算管控的方法，但是沒有一個健全的組織及團隊

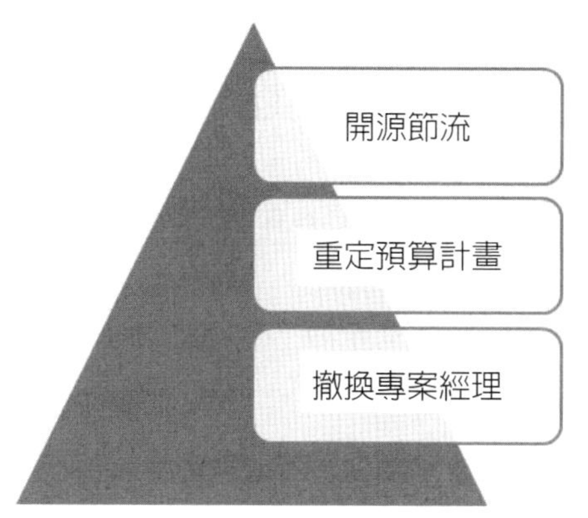


圖 6-7　預算計畫修正。
（方偉光技師／製圖）

來進行建廠工程，一切預算管控都是奢言，以下彙整五個預算管控成功的要件（圖 6-8）：

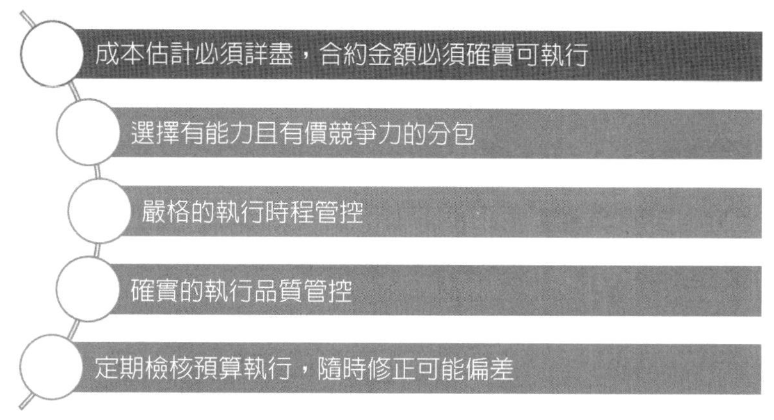


圖 6-8　預算控管能夠成功的必要條件。
（方偉光技師／製圖）

### 1. 成本估計必須詳盡，合約金額必須確實可執行

建廠工程預算是否詳實且合理，是預算管控的先決條件。很多公司為了搶標，壓低投標報價，造成後續執行上的困難，往往是預算無法控制的

主因。

**2. 選擇有能力且有價格競爭力的分包商**

整廠的分包計畫應恰當且可執行，包括負責設計、製造、安裝及試車的公司或團隊都必須有經驗及有能力執行工作，建廠專案任何一個環節出了問題，最後都會反映到預算的執行。因此應謹慎選擇協力廠商，避免有「小孩開大車」的情形。

**3. 嚴格的執行時程管控**

執行整個預算管控的工作其實就是執行整個建廠專案的管控，因此各個階段的里程碑控制非常重要，若設計進度未掌控好，設計未完成，檢料也未完成就急著，或者被迫展開工地的建造工作，其結果一定是工地材料及施工無法掌控，因而造成人力、材料等資源浪費或者做錯重做，結果都會造成施工超過預算。因此，從一開始就應上緊發條，強力監督並加緊進行每一階段的工作。

**4. 確實的執行品質管控**

過於嚴格的品質要求，有時候會影響工程進度，但是若品質沒有作適當的管制，如工程介面精度不夠，誤差太大，造成後續安裝工作無法接續，或者完成的工作無法驗收，都會造成預算管控的災難。因此品管工作必須確實，才能確保預算管控能順利。

**5. 定期檢核預算執行，隨時修正可能偏差**

專案經理及專案計畫總負責人應定期呈報及檢核相關預算執行及時程計畫報表，萬一有部分工作拉警報，開始甚至可能出問題時，必須立即啓動應變程序，找出問題原因，並立即消弭此原因其影響。

## 第八節　結論

雖然本章的主題是建廠工程的預算管理及控制，但是實際上預算的管控應該要控制的不只是金錢費用，還應同時包括時程及品質。因爲如果只從節省費用上考慮，而在時程沒有控制，一則會受到延遲完工的罰金，此外還會因工程延誤而使工程師薪水及工地水電開銷等費用增加，一樣會衍生不少費用。

同樣的道理，品質管控若沒有做好，驗收不通過時，完成的工程必須敲掉重做，其所發生的費用一定會更高，因此在談預算控制時，必須有全方位的思考。

孫子兵法有言：「多算勝、少算不勝」，預算管理及控制是建廠工程裡最重要的課題，也是一個全方位，最複雜的課題。因此，預算管控需要詳盡的規畫、依計畫強力執行、細密檢核及遇到困難及時修正，並且在設計、採購、材料、製造、時程、品質等工作上付出全面性的關注，才能克盡其功，讓建廠工程在核定預算內達成。

最後，也是很重要的工作，就是專案完工後，應要求專案經理提出結案報告，將專案所有的採購以及開銷費用、所有的工程設備、材料數量、安裝時程表以及人力機具使用的統計數據等都以資料庫電子檔的形式統計後送交公司建立專案歷史檔案，以作為以後類似專案建立預算以及採購議價時的參考，讓公司的經營往向上提昇的循環發展。

## 問題與討論

1. 建廠工程的預算如何訂定？
2. 預算直接工程費用涵蓋哪些項目？
3. 預算間接工程費用涵蓋哪些項目？
4. 建廠預算計畫執行，有哪幾個面向需要執行控管？
5. 預算控管能夠成功，有哪些必要條件？

# 第七章
# 建廠專案的時程管理與控制

## 重點摘要

時程管理是建廠工程專案管理三大目標之一，要了解整個建廠專案的時程管控，先必須了解建廠工程的幾個階段，以及各階段的工作重點要項之後，再依據各階段工作重點，排定適當合理的工序及工期，排定工作時程預定表，並依據預定時程監控各單位是否有依據排定的時程表按表操作。

為了適切的監控及預測各個階段的工作是否按計畫進行，建廠時程表概分為主進度時程表、3 個月工程進度表，以及 3 週工程進度表逐步發展。至於時程的控制，則是以計畫擬定（Plan）、執行（Do）、檢核（Check）、修正（Action）等四個步驟不斷的反覆進行。

## 第一節　建廠工程的幾個階段

要了解建廠工程的時程控制，首先要先了解建廠工程的各個分類階段，一般而言，建廠工程在正式開始後，可以分爲六大階段（圖 7-1）如下：

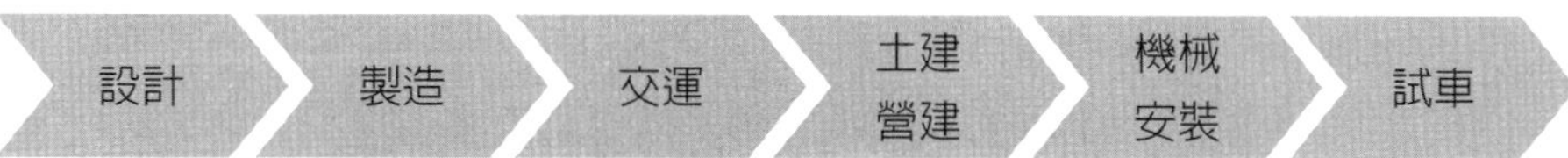


圖 7-1　建廠工程的六個階段。
（方偉光技師／製圖）

1. 設計階段（Engineering Phase）。
2. 製造階段（Manufacture Phase）。
3. 交運階段（Delivery Phase）。

4. 土建營建階段（Construction Phase）。
5. 機械安裝階段（Installation Phase）。
6. 試車階段（Try Run Phase）。

各階段取其首位字母，可簡稱爲 E、M、D、C、I、T 各階段。但是要談到建廠工程的時程規畫，必須再提前到籌備階段（Preparation Stage）或備標階段（Bidding Stage）就應開始，才能有效的進行整個建廠工程時程控制。

## 第二節　建廠工程時程控制的心法

建廠工程時程控制的心法，和所有控制的心法一樣，都是以計畫擬定（Plan）、執行（Do）、檢核（Check）、修正（Action）等四個步驟不斷的反覆進行，一般以 P、D、C、A 四個字來代表（圖 7-2）。也就是說在建廠專案籌備階段或備標階段時，先擬定詳細的計畫，然後依據規畫的時程執行各項工作，在執行過程中，不斷的查核是否照表操課依計畫進行，若有延誤則檢討原因，採取行動消除延誤時程的因素，同時修正計

圖 7-2　建廠時程控制的心法。
（方偉光技師／製圖）

畫，另訂趕工計畫以彌補先前耽誤的時程。

這整個計畫擬定（Plan）、執行（Do）、檢核（Check）、修正（Action）的控制觀念，不僅僅專案經理要銘記在心，所有的工程師都應有這個觀念。做任何事情在經過事前的計畫，執行過程的查核，及事後的檢討修正循環後，不僅可以掌控整體工作執行的步調，還能防微杜漸，防患事情發生於未然。

以下即針對建廠工程如何擬定 E、M、D、C、I、T 各個階段的時程計畫，如何執行、執行後如何檢核以及修正等時程控制技術做詳細的說明。

## 第三節　計畫擬定

擬定整個建廠工程的計畫，除了需要一份整體建廠計畫書來做概要說明外，以進度表來表達整個建廠時程規畫是絕對有必要，也是最有效的。

規畫建廠工程時程的進度表，依據其內容及表達詳細程度，大約可以分爲四個等級，分別是主進度時程表（Master Schedule），分項工程進度時程表（Detail Schedule），3 個月工程進度表（Construction 3 Month Schedule），以及 3 週工程進度表（Construction 3 Week Schedule），其中主進度時程表是整個專案的時程掌控進度表，屬於第一級的時程表，其下視專案大小及需求另擬定設計（Engineering）、製造交運（Manufacture & Delivery）、工地建造安裝（Site Construction & Installation），以及試車（Commissioning）等第二級的分項工程進度時程表，而工地除了需要一張整體的建造安裝時程表外，每個月需檢討並製作 3 個月（上個月、這個月及下個月）進度表，此爲第三級進度表，而每週需檢討並製作 3 週（上週、本週及下週）進度表，則爲第四級進度表。

如果建廠工程規模不大，直接由專案經理掌控時程時，將一、二、三、四級進度表合併成一個亦可。因各級進度表的功能不同，因此大型的建廠專案，會各有相關負責人製作各級進度時程表（圖 7-3）。

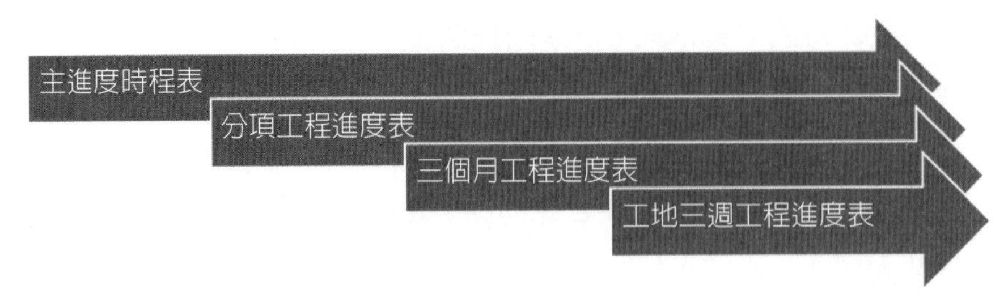


圖 7-3 建廠工程四個等級的進度表。
（方偉光技師／製圖）

本章節將講述各種進度表的功能及應表達的資訊。

## 一、主進度時程表（Master Schedule）

在專案的籌備階段或備標階段，為了能確切的預估未來完工時程，主計畫時程表（Master Schedule）必須在此階段就先完成初稿，並設定若干重要的里程碑同步檢核此主計畫時程表的可行性。計畫開始之後，此主計畫時程表還需重新檢討一次，並應依據合約工程範圍（Scope of Work）詳細編定分工架構（Work Breakdown Structure, WBS），將每一個分工的E、M、D、C、I、T 各階段開始及結束時間，以及各階段重要里程碑應完成的時限都訂出來，公告各相關部門據此擬定分項工程進度時程表，作為所有參與計畫的工程師遵循的依據。

主進度時程表一般以甘特圖（Gantt Chart）的形式來表達。這張主計畫時程表通常以 A0 或 A1 的紙張印出後，張貼於專案以及工地會議室中，其主要內容應涵蓋如下。

### (一)主進度時程表內容

#### 1. 重要里程碑

以里程碑（Milestone）來管控整個建廠工程進度，是很重要且有效的方法。所謂的里程碑是指在建廠工程中具有指標性的工作，有時甚至可以看作整個工程各階段性開始或完成的分水嶺，以建廠工程而言，最重要的幾個里程碑（圖 7-4）至少應包括：

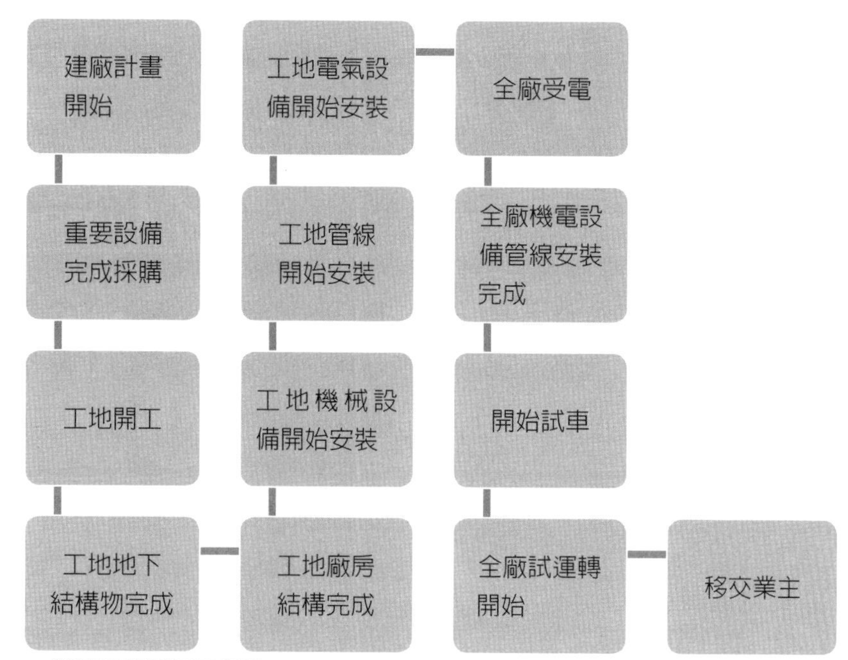


圖 7-4　建廠工程重要里程碑。
（方偉光技師／製圖）

(1)建廠計畫開始（Project Start）。

(2)重要設備完成採購（Major Equipment Purchasing Complete）。

(3)工地開工（Site Work Start）。

(4)工地地下結構物完成（Substructure Work Complete）。

(5)工地廠房結構完成（Structure Work Complete）。

(6)工地機械設備開始安裝（Mechanical Equipment Installation Start）。

(7)工地管線開始安裝（Piping Installation Start）。

(8)工地電氣設備開始安裝（Electrical Equipment Installation Start）。

(9)全廠受電（Power Receiving）。

(10)全廠機電設備管線安裝完成（Installation Complete）。

(11)開始試車（Commissioning Start）。

(12)全廠試運轉開始（Try Run Start）。

⒀ 移交業主（Turn Over）。

實際上在執行時，設定需管制的里程碑還應更多，大型建廠工程一般可以設定至 30～50 個以進行管制。設定里程碑的意義在於里程碑的完成點或開始點是不能延誤的。若有延誤時，必須有趕工對策（Catch Up Counter Measure），以趕工的方式至少在下一個里程碑前將落後的進度趕回來。里程碑設定好後，通常會反應到分包合約的合約條款中，並在合約罰則中訂定里程碑日期延誤時的罰款或暫扣款等條文。

2. **整廠設計時程**

建廠工程的設計工作繁複，在主計畫時程表中只需規畫土建、機械、電氣、管線等工程設計時程及完成移交工地施工的時間，詳細設計時程另外在設計工程進度表中表達。

3. **製造及交運時程**

主計畫時程表中，需表達所有的系統以及重要的設備的製造及交運時程。在研擬製造及交運時程，一般都會先規畫設備安裝的先後次序及其時程，安裝時程定案後，再估計該設備、系統或分包的製造時程及交運時程，最後以倒推的方式決定其最晚發包時間，並排定其製造及交運時間。

4. **土建工程的營運時程**

工地開工土建先行，土建工程完成到相當程度後，機電設備才可能開始安裝，因此在主計畫時程表上，需表達出土建工程各建築物的下部結構以及上部結構（含各樓層）的完成時間。工程中若使用鋼構，鋼構的製造時間也需列入。此外，土建工程和重要機電設備安裝之間的連結關係（如施作至某樓層後，可以安裝某設備）也應標示。

5. **設備安裝時程**

建廠工程的設備安裝前，必須等整廠設計、設備交運以及土建工程都完成後，才能開始進行。此外，許多設備因為安裝位置及安裝動線的關係，還需特別安排其安裝先後順序。因此所有系統及重要設備的安裝時程都應規畫在主計畫時程表上。

6. **試車時程**

試車一般分爲單體試車（Pre-commissioning）、系統試車（Commissioning）及整廠試車（Try Run）三個階段，全部試車時程短則 2 個月，長則半年甚至一年，視專案及建廠規模不同而不同。這三段試車時程應在主計畫時程表中標示。

7. **要徑作業（Critical Path）**

安排好整個主進度時程表各項工作後，還應分析工作安排，將整個工程的要徑作業標示出來。

## ㈡主要進度時程表的編定要訣

製作主進度時程表在籌備階段就應該開始，並於計畫一開始時立即重新檢討編定，通常 2 週內初稿即應完成，1 個月內必須定案。一般先以主觀布局由上而下（Top Down）的方式設定，亦即先擬好完成整個建廠工程的所需的戰略構想以及分包計畫，將整個計畫的 WBS，亦即整個工程的系統或分包架構出來後，以一張時程表表達出來。每個系統或分包的設計、製造、交運、及營建安裝時程均以一條甘特圖按時程順序分段表達。在編定時程表的過程中，專案經理應同時收集類似廠或參考廠的計畫資訊，同時參考設備廠商提供的設備製造所需時程，以確認計畫的可行性。

一般建廠工程的分工架構（WBS）的編定也是個學問，通常由專案經理會同資深工程師共同會商定案。一旦分工架構定案後，整個專案的分包計畫（Subcontracting Plan）、檔案架構（File Break Down Structure）、請款計價、品管計畫、交運計畫等都應依此 WBS 架構訂定及執行，未來在建廠資訊的交換、整合等才有一致的結構。當主進度時程表的分工架構 WBS 編定完成後，也表示專案經理已經將整個計畫的分包布局構思完成，可以開始詢價及發包作業。

要達到盡量縮短建廠時程的目標，在擬定建廠工程的主計畫時程表時，有一些要訣：

1. 將完工目標日期訂在業主要求的完工日期之前。以三年期的建廠工程，建議最少以提前三個月爲目標。
2. 盡量壓縮設計及製造的時程，放寬工地營建及安裝的時程，因爲設計及製造變數較小，時程掌控容易。工地受天候、現場環境等影響，變數大，時程較不易掌控。趕工應趕在前面，不要趕在後面。
3. 分工架構應嚴謹而完整。主計畫時程表中，所有建廠過程中應進行的工作都應適當表達在分工架構中，綜合許多細項可以用摘要表達，但絕對要避免漏項。孫子兵法也有「多算勝，少算不勝」的說法，是一樣的道理。
4. 盡量收集並使用標準廠（Bench Mark Plant）或類似廠房的設計資料，以節省設計時程。

   舉例而言，在進行廠房結構設計時，需要所有設備的荷重資料。此時若要等所有設備完成採購後，才將廠商提供的數據轉給結構設計工程師設計廠房，整個時程就會受採購進度而延後半年至一年，此時解決方案就是參考類似廠的設備重量，加上適當的安全係數後，作爲本廠設備的重量預估值，經過配置後，先開始結構設計。等到設備逐漸完成採購後，再逐一檢核設計是否安全。並於工地開工前檢核完成，並做必要的設計修正。如此一來，設計與採購平行作業，可以省下至少半年至一年的時間。
5. 無先後連結關係的作業，盡量安排提前開始。

   舉焚化廠爲例，其廠房的土木及建築設計因涉及到需配合機電設備的外型圖或安裝圖，需等設備發包後取得資料才能進行後續較細部的設計，需時甚長。因此像煙囪和機電設備較無關係，就應先開始設計並單獨發包先行建造。此外，焚化廠的垃圾貯坑機電設備較少，且又有地下開挖工程，因此在安排建造順序時，就應該先安排垃圾貯坑先行施工，由此往前推算其土建設計時程及垃圾吊車與傾卸門等設備發包時程。這個原則有兩個特殊考量，一個是先行施工項目不會影響建廠動線，另一個是不需考慮建廠資金成本及現金流量。因爲不在要徑上的作業，越晚建造時，越節省資金成本。因此資金成本與工期何者爲重就需特別權衡。

6. 採購作業是時程控制的關鍵，應盡早完成。由於採購涉及到整個建廠工程的成本甚鉅，一般企業主或公司經營者都會要求一定金額以上的採購案，都要經過一定的詢價、技術澄清、議比價及最後的議約等程序，此程序短則一個月，長則超過二、三個月。因此全廠的採購應根據各設備安裝時程往前推算，配合其製造期及設計資料應提送時間，決定其輕重緩急，並訂定採購作業的時程表。
7. 建造及安裝的工法與其動線應周詳考慮，並保留彈性。建造及安裝的工法與動線影響施工時程甚鉅，因此在計畫一開始前，專案相關人員就應至工地現場詳細勘查比對，研擬相關工法及其施工動線。安排施工動線時，應盡量考慮現場各工區能保留同時施工的可行性，未來雖然工地依據施工計畫循序施工，但萬一設計或製造延誤需採取趕工計畫時，工地各工區可以機動性調整，隨時增開工作面，以便各工項同步施工。
8. 主計畫時程表初稿完成後，應安排一次簡報會議，邀請設計、採購、專案、工務及相關部門參加，由專案經理簡報整個工程施工構想及布局，並由各部門討論確認此主進度時程表。

主計畫時程表定案後，一般甚少更動。較大型的建廠專案會以主計畫時程表爲依據，接著發展各分項工程進度時程表。

## ㈢分項工程進度時程表（Detail Schedule）

在大型的建廠工程專案（一般建廠經費超過新臺幣 20 億以上），由於其土建及機電設備項目繁複，主進度時程表通常只做原則性的規畫。至於設計、製造交付，以及建造安裝另需擬定設計時程表、製造交付時程表及工地建造安裝時程表（圖 7-5）。

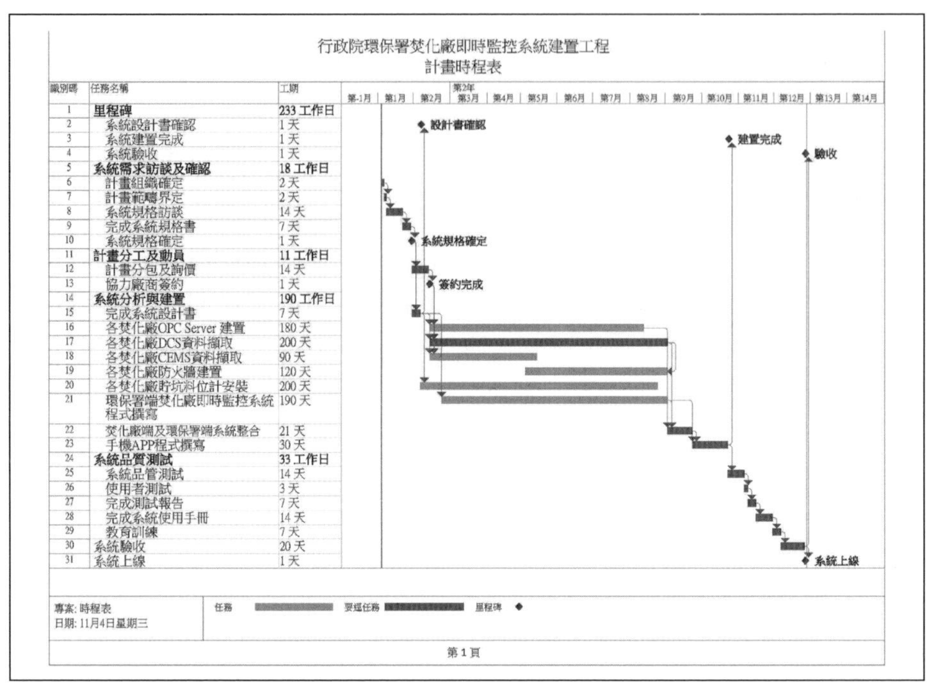


圖 7-5　建廠工程各系統也可排各系統的分項工程進度表。
（九碁工程技術顧問有限公司提供）

## 1. 設計進度時程表

設計時程表包括土建及機電工程基本設計及細部設計的時程，但不包括製造圖設計時程。廠商製造圖設計時程歸類在製造交付時程表中。設計進度時程表可以以甘特圖表達，但通常都直接以 Excel 試算表來建立。

有些建廠工程，尤其是公共工程，業主在建廠前已經委託顧問公司完成細部設計，建廠統包商只要依據細部設計圖繪製製造圖及必要的安裝圖即可，此時擬定設計進度時程表時比較單純。如果建廠統包商的工作還包括整廠工程設計，此時擬定設計進度時程表就非常重要。

在擬定設計進度時程表時，需要知道這個建廠工程計畫在什麼階段要出哪些圖，亦即排定計畫者需對整個設計發展很清楚；並能在一開始的時候，就把可能的圖說清單（Drawing List）列出來。這個圖說清單的圖說類別，可以說是設計進度表的WBS（工作分工架構）。圖說類別列出來後，接著就是請各類圖說的設計者預估此類圖說的數量，以及列出所有計畫要出圖的圖名及圖號。當規畫好的圖說清單完成後，將各圖說預定開始及初稿預定完成的時間列入，就是完成了設計進度時程表。由於設計圖完成後，還需送業主或顧問公司審查，審查過程中，只要有疑義時就會退回給設計者修正，修正後進版再送審查，常有較嚴格的業主／顧問公司審查三次以上還無法核准，一份圖初稿完成後，可能要經審查修正的程序二～五個月才能核准用印，送到工地依圖施工。因此在擬定設計進度時程的設計圖完成時間時，還必須考慮預留至少半年以上的審查時間。

### 2. 製造交付時程表

製造交付時程表初期應由專案經理擬定，且製造交付時程的工作分工架構（WBS）應較主計畫時程表更詳盡確實，且每一個分包廠商都必須列在時程表內，不能有遺漏。例如管閥材料製造交付，在主計畫時程表中可能只有一條甘特圖線來表示，但是實際發包時，可能會依據材料不同或製程不同，而將管閥材料分成不鏽鋼、碳鋼、無縫鋼管、合金鋼管……等不同管閥材料供應商，此時就應詳細列出每一個分包商的製造時程，同時並往前推算其詢價以及發包時程。製造完成後的交付時程，需考慮此設備材料是國內交運或海外交運。若是海外交運，其相關的包裝、船運以及通關時間，都應考慮在交付時程中。一般都至少規畫一個月至一個半月。製造交付時程表有時直接以試算表做成，由專案經理初步定好計畫後，應交由採購部門繼續維護及修訂，不斷更新最新資訊，並定期通知專案相關部門。

### 3. 工地建造及安裝時程表

工地建造及安裝時程表在計畫初期就應該擬定，當整個計畫的基本設計完成時，重要設備及其配置都已決定時，就應該開始進行工地建造及安裝計畫。在細部設計未完成前，無法知道工程數量，因此工地建造及安裝時程只能依據經驗及計畫需要進行概略性預估。此時最重要的規畫是工地建造的動線規畫，包括各廠房建築的施工順序，各設備的施工順序，施工時分區規畫，以及各區施工時，相關重機械（如吊車、挖土機……等）的進出及施工位置等，都應連同進度表一起考量。

當細部設計完成，知道工程數量後，工地建造及安裝時程還應再一次檢核調整，並進一步評估所需的材料數量及人力需求，進行初步的資源撫平（Resource Leveling）。所謂資源撫平，就是在一定的完工期限內，讓其間所需的材料（特別是如模板等非永久材料）以及關鍵施工設備（如吊車、挖土機）等，以及人力能予以平均配置，避免少數時間大量使用，而其他時間又閒置的情形發生。

大型的建廠工程計畫，因篇幅或資訊有限，或計畫擬定權責的原因，工地建造及安裝時程表無法規畫到細節時，詳細建造及安裝計畫會到第三級或第四級「三個月」或「三週」工程進度表中規畫。

#### 4.試車時程表

試車時程表一般需在試車前三個月準備好，一方面據此安排試車人力，一方面也開始準備試車所需的備品、物料等。在主進度時程表中，試車只分爲單體試車、系統試車及全廠試車。但是試車時程表則需詳細表達各設備試車的先後次序及詳細時程，譬水系統、冷卻水系統分別試好後，才能試空壓機，之後廠用及儀用空氣系統試好後，才能試控制閥及其他設備。

## 二、三個月工程進度表（Construction 3 Months Schedule）

三個月工程進度表屬於第三級進度表，主要用在工地的建造及安裝時程控制。原則上每個月月底準備，其內容需包括當月已完成的部分以及未來兩個月的預定進度。擬定三個月進度表必須依據建造及安裝時程表，並參考現況調整，其主要目的在於安排好未來兩個月的工作，檢討並提醒各負責人員或協力廠商事前應備妥相關的施工圖說、材料以及人力、機具等。

### 三、三週工程進度表（Construction 3 Weeks Schedule）

三週工程進度表屬於第四級進度表，是每週週末前準備，包括當週已完成進度，以及未來兩週預定進度。三週工程進度表印行後，每天的工地會議均應依此進度表追蹤每日是否依進度完成當日工作。當工作無法達成時，需檢討原因，及時排除問題。

工地使用的三個月工程進度表通常由建廠統包商準備，三週工程進度表通常由土建營造廠以及設備安裝廠商分別準備。但也有全部都由建廠統包商的時程控制工程師準備，此時整個工地進度表只需建立一個即可，時程排程完成後，運用時程軟體的篩選功能，隨時檢討修正後，可以視需要印出三個月、或者三週相關的進度。

一般而言，三個月及三週工程進度表應該盡量規畫詳細，好讓每一個人都了解相關工作項目及程序，但是應規畫詳細到什麼程度呢？以下有三個準則可以參考：

1. 8/80 原則：時程表中安排的工作項目時程，原則上不小於 8 工作小時，也不大於 80 工作小時。
2. 檢討週期原則：時程表中安排的工作項目時程，原則上不超過週期檢核的時程，如三週工作表是每週檢核，則每一項目安排的時程都不應超過七天，否則就應再細分。
3. 工作再細分原則：時程表中的 WBS 是否該分的越細越好？可以考量以下三個問題：
   (1) 工作再細分，是否有利於估計工作量？
   (2) 工作再細分，是否有利於工作分派？
   (3) 工作再細分，是否有利於工作追蹤？

## 第四節　計畫執行

計畫擬定後，接著就是計畫執行了。時間不等人，通常在計畫還在擬定時，相關計畫項目已必須開始進行了。一個有制度的公司，在公司內部早已頒訂有一整套的計畫執行程序書，此計畫執行程序書依據部門或專案組織分類，從專案連繫方式、檔案圖說編碼及分類管理、設計程序、品管品保程序、計價請款程序、設備安裝程序……等等，不一而足。這些計畫執行程序書在計畫一開始時，就應收集完備，交由各專案部門依據本建廠專案特性予以修訂，經專案經理核定後執行。在核定前，依據慣例應該展開的工作還是不能放鬆。這些計畫執行程序書並需視業主或建廠合約的要求，送業主核定。

整個建廠時程管理的核心有兩個，一個是凡事是否依據程序按部就班的執行，另一個就是當依程序執行工作時，是否有足夠的資源來進行各計畫所應進行的工作。以下就各階段執行計畫時，應注意的事項，簡述如圖 7-6：

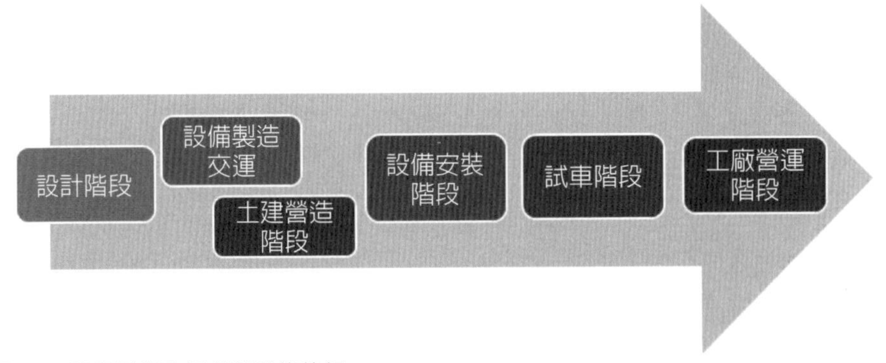


圖 7-6 建廠計畫執行各階段的執行。
（方偉光技師／製圖）

## 一、設計階段

建廠工程的設計工作是否依計畫按時完成，不只影響整個建廠時程，對建廠成本影響也很大。在設計階段，設計時程的掌控通常由設計經理或專案經理負責。有些工程設計團隊就是公司成員，但有些則是委外設計。

無論設計工作是否委外，以下幾項建議，對設計執行很有幫助。

**1.設計團隊合署辦公**

由於建廠工程的設計牽涉到機電與土建的整合，彼此間的溝通連繫非常重要，整個設計團隊在一間辦公室合署辦公，可以節省不少設計時程。

**2.專人負責設計整合**

在建廠工程的設計階段，需有一名熟悉設計流程的工程師專門負責整合以及圖件的流通，主動的將各部門或專業（Discipline）的設計成果回報給相關的部門，讓整個設計能溝通順暢，加快腳步。

**3.設計過程中使用假設數據以避免等待時間**

無論是土建或是機電設計，在設計過程中都需要一些相關數據資料才能進行，如土建工程在結構設計階段需要設備載重，在建築設計階段需要預埋管線資料，甚至需要設備安裝詳圖。電氣設計需要實際使用設備的用電資料，緊急發電機選型（Sizing）時，必須知道全廠重要設備的用電需求……。相關的例子不勝枚舉。因此，要能控制設計時程，除了加快採購的腳步外，使用適當的假設數據使設計工作能繼續推展，是很重要的觀念。有時候某部分設計在等待資料時，可以用雲狀圖先標示 Hold，其他部分則不受影響，如此可以提醒，也避免重複工作。

**4.及早進行設計圖查核**

設計工作完成後，立即進行後續的設計查核非常重要，此查核不僅包括設計的正確性，更包括圖面表達的完整性。以廠房鋼構而言，結構設計圖完成後，除了檢核用料精準經濟安全，同時提送業主／顧問公司審核外，可以立即交付廠商繪製製造圖，由繪製製造圖的公司在接棒階段去發現設計問題以及時修正。此外，無論是土建或機電設計圖完成後，應提早送工地工程師，以及營造或安裝廠商看圖及清圖，有任何的疑問或圖說表達不清楚的地方，可以在建造前就先解決。很多公司在設計圖未完成前，數量沒有出來，因此無法發包給營造廠，錯失了一至兩個月等待發包的時間沒人看圖，解決的方法是以單價發包，只要單價涵蓋的範圍完整且嚴謹，並有概估的數量，仍然可以及早決定營造廠。

**5. 設計階段就要分門別類的計算工程數量**

建廠工程的工程材料數量計算，不僅僅是工程發包的依據，也是設備交運時，計算材積重量，工地施工時，計算工程所需時間以及人力很重要的數據。由於各單位所需要的數量歸類及用途不同，因此在設計完成，進行材料檢料（Material take off）時，專案經理應先規畫好整個工程材料數據庫的格式，按照工地施工區域、高程以及不同系統分門別類，在檢料階段就把全廠材料資料庫建立起來，未來各單位不需再做額外的工作。以鋼筋料單而言，檢料時就要分區域、分高程，甚至最好依據計畫中的各澆置混凝土批次來分別計算鋼筋量，此數據資料庫完成後，無論是採購部門或在工地都很實用。以管線材料而言，在檢料階段若能同時將檢料所在的區域、ISO 施工圖號等都一併列入，對於日後的計畫執行會很有幫助。

## 二、製造交運階段

製造交運的計畫執行在於所發包的廠商，在決定發包給廠商前，很重要的一點是除了確認此廠商有生產該設備的業績外，還需確認此廠商的製造能量，以及接單後的製造排程能夠符合計畫需求。

重要的設備在廠商製造前、製造中以及完成後，應分別安排採購、時程控制工程師以及品管工程師至製造工廠查核相關的製造進度以及品管資訊。訪廠後的報告應送相關部門傳閱，讓相關人員了解。

在大型的建廠工程專案中，由於設備眾多，因此在各設備製造期間，應依據製造交付時程表，專門安排一組人員巡迴各製造工廠督促（Expedite）相關設備的製造進度。發現進度有問題時隨時回報。設備若是位於國外時，一般為節省海外出差費用，通常會委託位於當地的國際第三公證檢驗公司至工廠查驗進度。

## 三、土建營造及設備安裝階段

土建營造及設備安裝階段的時程管控部分，其執行重點如下：

1. 每日上工前，應舉行全體工人的工具箱會議（Tool Box Meeting），藉此機會宣導工安及當日工作重點外，很重要的一點就是了解出工人數是否照計畫進行，出工人數不足時，需催促施工廠商。
2. 每日收工前，應舉行工地會議，所有協力廠商代表參加，除了協調明日的工作外，還應收集當日的工作進度資訊，當進度不符和計畫所需時，需敦促廠商提出對策。
3. 工地每週應由時程控制工程師完成一份進度報告，送專案經理及專案負責人審閱。此進度報告需包括預定進度及實際進度。進度若有落後時，還應提出建議對策。

## 四、試車階段

到了試車階段已經是建廠最後階段了，由於試車階段的變數仍然很多，因此在執行試車計畫時，仍應參照試車計畫表，當有問題產生而延誤進度時，試車工程師需加班以趕上進度。

# 第五節　計畫檢核

當建廠工程各級的時程表都已訂定，且工程亦如火如荼的展開後，很多麻煩的事往往出人意表的接踵而來。有時候是天候不佳，連日陰雨工地無法施工，有時候協力廠商公司倒閉，現場工人領不到錢而怠工，或者小包人力調度有問題，出工率不佳，凡此種種反映到時程上，就是時程延誤。以上舉例，都是已知原因，馬上可以採取對策，有些時候原因被隱藏起來，無法立即知道，但已造成工程延誤，而計畫檢核就是要定期核對實際進度與預定進度，及早發現問題，及早提出對策解決。

計畫檢核通常有專人負責，固定每週一次或兩次提出報告，除了在三個月或三週工程進度表中，有實際進度線與預定進度線做比較外，在比對時還應將進度予以量化。例如全廠管線數量共有 90,000 BM（英尺管徑乘上公尺管長的總和），應在六個月內完成，每天則至少應完成 550 BM。廠房建築工程也可以將鋼筋、模板數量予以量化，當預定和實際進度比對後發現明顯落後時，應立即查明原因，並立即採取對策。採取的對策除了要將延誤工期的原因排除外，還要訂趕工計畫，將延誤的工期趕回來。

## 第六節　計畫修正

### 一、修正時機

計畫修正的時機有二，一為設計變更，需增加工項或改變設計。二為進度落後，當計畫檢核發現進度落後時，即應修正計畫，採取對策以趕上進度，一般稱為趕工計畫（Catch up plan）。趕工計畫需包括趕工方式，人力、物力調度，以及修正的趕工時程表，以下介紹常用的趕工方法。

### 二、趕工方法

#### (一)增加人力或機具

一般而言，增加人力是趕工最簡單也是常用的手段，但是在實務運作上，常常會面臨以下問題，需進行進一步的調整：

1. 施作空間有限，無法容納太多工人：不論是模板、鋼筋或是配管施作，在一定的場所能夠容納的工人有限，太多的工人反而造成工作互相扞格難以施展。此時趕工對策應改採延長工時或採兩班制。
2. 小包動員能力不足：一般要求小包趕工增加人力時，小包初期都會盡力配合，但是有其限度，需視其公司規模，人脈，資金調配等。若人力需求超過小包的能力範圍時，進一步的對策應朝改採延長工時方式，必要時應跟小包談合約調整，容許業主引進有能力派遣更多人力的團隊增援，甚至取代。

## ㈡延長工時

延長工時也是趕工的有效手段，延長工時可以以提早上工以及延長下班時間等方式實施。尤其是夏天，早上甚至可以 6 點就上工。但由於人的體能有限，一般每日延長兩小時工時尚可接受，若是延長至 4 小時以上，短時間還可以，長久以往則會倦怠，效率不佳。

## ㈢假日上工

一般臺灣的營建工程生態，尤其是鋼筋模板工通常都是在施工等待以及空檔時休息，平常假日也上工。但是較大型的工地，有時候會制度性的規定星期日大家都休息，而在趕工時候，此政策可以做調整。

## ㈣採取兩班制或三班制

當增加人力、延長工時、假日上工等手段都無法滿足工程進度要求時，採取兩班制甚至三班制施作是不得已的霹靂手段。採取兩班制或三班制趕工時，其每一班工作的工作延續以及施工界面銜接很重要，因此其是否能成功的關鍵點在於工程師。因此為了工作分派的順利，採取兩班制時，很多情形是工人採取兩班輪作，但工程師則需全程加班奉陪。

## ㈤改變工序

在工地，施工的工序並非一成不變，若某項工程原來位於要徑，但有延誤且很難趕回工期，此時如果改變工序，將此工程從要徑中移除，仍能持續進行後續的要徑作業時，可以考慮改變工序。例如焚化廠工程中垃圾貯坑和鍋爐房隔牆，因和鍋爐鋼構相鄰，兩者無法同時施工，原本規畫垃圾貯坑及隔牆施工完成後，才進行鍋爐鋼構工程，兩者都在要徑上。因天候影響，垃圾貯坑及隔牆無法如期完成，此時就應評估，貯坑隔牆暫停施工，拆除鷹架，讓鍋爐鋼構按計畫時程開始安裝，以避免影響後續要徑作業，待鍋爐鋼構安裝完成後，貯坑隔牆鍋爐側再以預埋三角架的方式安裝鷹架再繼續施工。

### ㈥改變工法

一般施工工法和工期及成本有一定的關係，有時爲了趕工，可以考慮以成本換取工期，改用不同的工法。例如廠房工程環廠道路有一段 50 公尺的箱型 RC 涵管，規畫以開挖後現場澆鑄的方式建造，工期一個半月，因廠房工程延誤了一個月，將影響其後的施作，此時可以及早因應，將場鑄 RC 涵管改成場外預鑄後，再運至現場吊裝，現場工期可以縮短爲半個月。

### ㈦改變材料

改變材料以縮短工期的例子，最多是用在混凝土，原本設計澆置 3,000 磅混凝土，由於趕工壓力，可以改澆置 5,000 磅混凝土，待其強度到達設計強度時，即可進行後續的工程，如此可以節省數天時間。此外，混凝土增加早強劑也是一種方式，但是早強也會造成早衰，需要進一步評估。

### ㈧變更計價方式或獎勵措施

上述趕工方式都是可以以科學方式計量加以評估，此最後一種方式，也是有效的方式之一，卻很難予以量化評估。採用此方法時，通常對象都是包工頭，因爲趕工時，要求增加工人或要求工人加班，都是增加工頭的直接成本，此時如果可以在計價上予以通融，甚至提供趕工獎金，都可以讓工頭有趕工的誘因，有效的調度人力以達成任務。

## 第七節　結論

任何管理工作要做的好，首先就是要能清楚的定義其所需管理的工作，包括其工作的工作分項結構（Work Breakdown Structure），其完成所需要的時間（Duration），以及各工作之間的關連與順序（Relationship）。定義清楚後，才能擬定詳細的計畫，配置適當的人力物力資源來完成。當計畫完成後，重要的是要能確實執行，同時並要能定期查核，有問題時需立即採取對策解決問題，如此一來一定能有效掌握工期。工期管控的道理很簡單，但是仍需要細膩且精確的執行才能竟其功。

## 問題與討論

1. 建廠工程的 6 大階段 E、M、D、C、I、T 各自代表什麼意思？
2. 什麼是 WBS（工作分工架構），WBS 的訂定跟時程管理有什麼關聯？
3. 什麼是「工程要徑」？「工程要徑」跟建廠工程時程管理有什麼關係？
4. 什麼是「里程碑」？「里程碑」跟建廠工程時程管理有什麼關係？試舉例幾個重要的建廠工程里程碑。
5. 什麼是「主進度時程表（Master Plan）」？
6. 建廠工程的趕工方法有哪些？

# 第八章
# 專案進度計算與計價管控

## 重點摘要

進度報告與計價請款息息相關，會影響到建廠資金流動，因此建廠工程進度的掌控，是建廠工程管理很重要的一環。而進度的掌控，首先必須有正確的進度資料取得及計算外，當取得正確的進度資訊後，如何進行計價管控，以及針對落後的進度，如何進行適當的分析與對策來趕上進度，都是建廠工程內重要的一環。

本章重點在詳細說明建廠工程進度如何計算，以及如何把進度與計價請款方式連結在一起，無論是向業主請款或是計價給包商，都需要了解本章內容。

## 第一節　進度計算的目的

建廠工程進度計算是屬於時程管控的一部分，一般都是由時程控制工程師（Schedule Controller）負責，時程控制工程師除了要整合全廠的工程進度表外，還需計算全廠的工程進度，並將進度報表向控制經理與工地經理報告，並轉呈專案經理。

計算全廠工程進度的主要目的有三：

1. 依據進度計算的結果及相關計價請款附件報表，可以向業主計價請款
2. 依據進度計算的結果，付款給下包協力廠商。
3. 由各工項的預定進度與實際進度之比較，了解整個建廠工程的進度是否符合計畫需求。同時並應能顯示各工項進度差異之比例及趨勢，作爲時程管控的依據。

其中第一個目的最爲重要，建廠工程進度若未能取得業主承認，相對的計價請款也會受阻，進而影響到整體工程的進行。因此整個工程進度計算的核心，應以符合業主請款需求而訂定。然而，第二個目的及第三目的也不可忽視，下包商請不到款，必造成其怨懟與怠工；若是超估計價，又會造成公司損失，而當工程落後時，到底是哪一個工種或工項最爲關鍵？這些都是進度計算可以提供解答的。因此，如何整合相關資料，製作一個進度管控資料庫以符合各方需求，是時程控制工程師很重要的工作。

## 第二節　工程計算進度的方法

進度計算有一定的方法及程序，必須先規畫好工作分項架構（Work Breakdown Structure，簡稱 WBS）後，在分項架構下，依據建廠工程各類工程及系統逐步展開，細分成一個個工作分項（以下簡稱工項），然後在資料庫各工項欄位中塡入其合約價値，由計算各工項合約價値占總工程的百分比重，可以得到該工項的權重（Weight），亦即完成一個工項的進度百分比，就是完成這個工項的價值百分比。由此程序，先定義工項，再塡入價値，然後轉換成進度，可以製作成一個建廠進度計算資料庫（通常以 MS Excel 建立，大家都會使用）。計算進度時，只要把該工項的完成百分比鍵入進度計算資料庫中，即可得到該類工程的匯總進度。有時候，一些工項必須分階段完成時，此工項還可以依階段再細分，以圖 8-1 爲例，此工程管線安裝以安裝長度乘上其管徑（B*M，B 爲英吋管徑，M 爲公尺長度）計價，因此進度計算即以完成的 BM 値計算。此外，爲了了解管線工程各階段進度，還可以將管線分成工廠預製（Prefabrication），現場安裝（Installation），以及水壓試驗（Pressure Test），且應同時將不同的下包商分開計算，最後匯總成管線工程總進度。

有些建廠工程，建廠統包商的工作是從設計開始的，因此從專案開始後，隨著設計工作展開，即可開始規畫 WBS 工項，當設計工作完成，得

WWTP PROJECT

Piping Progress Calculation Report

Report Date : 6-May-08

| Progress | Total Earned BM Value | | Shop Prefabrication | | Site Installation | | Pressure Te | |
|---|---|---|---|---|---|---|---|---|
| | BM | % | BM | % | BM | % | BM | |
| M1 | 28149.89 | 50.92% | 35115.05 | 78.06% | 29638.3 | 53.61% | | |
| M2 | 14294.56 | 49.28% | 17041.66 | 64.27% | 16403.0 | 56.55% | | |
| Total | 42444.45 | 50.36% | 52156.70 | 72.95% | 46041.3 | 54.62% | | |

| No. | Pipe Line Number | | | Dia. | M | ISO DWG -Part No. | B | B*M | % to All | Sub. Con | ACTUAL WORK DONE BOQ | Shop Prefabrication | 40% | | Site Installation | | 45% | Pressure Te | |
|---|---|---|---|---|---|---|---|---|---|---|---|---|---|---|---|---|---|---|---|
| | Material | Fluid | No. | | | | | | | | | Q'ty(M) finished | Complete BM | Finish Date (Actural | Q'ty(M) finished | Complete BM | Finish Date (Actural | Q'ty(M) finished | Com B |
| 209 | SGPW | AW | 501 | 100 | 2.6 | H1-ID-501-2 | 4 | 10.4 | 0.0% | M1 | 8.84 | 2.60 | 10.40 | 14-Dec-07 | 2.60 | 10.40 | 14-Dec-07 | | |
| 213 | SGPW | BW | 502 | 20 | 0.4 | H1-ID-503-3 | 0.75 | 0.3 | 0.0% | M1 | | | | | | | | | |
| 215 | SGPW | BW | 502 | 100 | 5.9 | H1-ID-503-2 | 4 | 23.6 | 0.0% | M1 | 17.01 | 5.90 | 23.59 | 19-Mar-08 | 4.21 | 16.84 | 19-Mar-08 | | |
| 217 | SGPW | BWW | 501 | 80 | 0.7 | H1-ID-504-2 | 3 | 2.1 | 0.0% | M1 | 1.79 | 0.70 | 2.10 | 21-Dec-07 | 0.70 | 2.10 | 21-Dec-07 | | |
| 218 | SGPW | BWW | 501 | 100 | 3.1 | H1-ID-504-1 | 4 | 12.4 | 0.0% | M1 | 10.54 | 3.10 | 12.40 | 21-Dec-07 | 3.10 | 12.40 | 21-Dec-07 | | |
| 219 | SGPW | BWW | 503 | 50 | 3.7 | H1-ID-505-4 | 2 | 7.4 | 0.0% | M1 | 5.29 | 3.70 | 7.40 | 25-Apr-08 | 2.59 | 5.18 | 25-Apr-08 | | |
| +17 | SGPW | BWW | 503 | 80 | 2 | H1-ID-505-19 | 3 | 6 | 0.01% | M1 | 4.29 | 2.00 | 6.00 | 25-Apr-08 | 1.40 | 4.20 | 25-Apr-08 | | |
| 220 | SGPW | BWW | 503 | 100 | 0.8 | H1-ID-505-3 | 4 | 3.2 | 0.0% | M1 | 2.29 | 0.80 | 3.20 | 4-Apr-08 | 0.56 | 2.24 | 4-Apr-08 | | |
| 223 | SGPW | FS | 501 | 80 | 1.1 | H1-ID-506-2 | 3 | 3.3 | 0.0% | M1 | 2.81 | 1.10 | 3.30 | 14-Dec-07 | 1.10 | 3.30 | 14-Dec-07 | | |
| 229 | SGPW | FS | 502 | 100 | 46.9 | H1-ID-507-1 | 4 | 187.6 | 0.3% | M1 | 158.85 | 46.90 | 187.60 | 4-Apr-08 | 46.56 | 186.25 | 4-Apr-08 | | |
| 234 | SGPW | FS | 503 | 100 | 47.5 | H1-ID-508-1 | 4 | 190 | 0.3% | M1 | 138.35 | 42.33 | 169.32 | 28-Mar-08 | 39.24 | 156.95 | 28-Mar-08 | | |

圖 8-1　進度計算範例（以管線工程為例）。

（方偉光技師／製圖）

知各工項的數量及價值後，可以將各工項的價值轉換成權重，同時可開始製作進度計算資料庫，將工項及權重鍵入其中而完成進度資料庫的建立。然而，問題來了：在設計完成前，又怎樣知道設計進度權重，甚至製造進度權重呢？

在工程規畫以及管理上，若需製作一些統計報表時，通常有兩種作業方式。一種是由上而下（Top Down）建立，一種是由下而上（Bottom Up）匯總。此兩種作業方式看似衝突，其實可以融合。

以工程進度計算爲例，一開始可以由上而下規畫，將整個建廠工程分成 4 個階段，各階段及其進度計算權重百分比（圖 8-2）以合約值或經驗值設定如下：

1. 設計階段（10%）。
2. 製造交運階段（60%）。
3. 建造安裝階段（20%）。

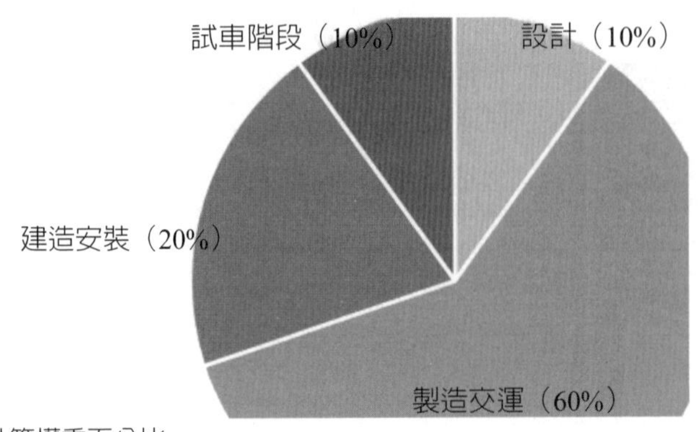


圖 8-2 進度計算權重百分比。
（方偉光技師／製圖）

4. 試車階段（10%）。

其中的權重百分比在設定時需考慮，如果與業主的合約中有訂定（如該階段工作完成後，付款的比例）則應該依據合約，否則應由專案經理依據經驗及本專案特性設定。製造交運進度亦然，可以依據各設備的合約金額換算，如果合約金額分的不夠細時，可以參考分包商的合約，或者依據編定預算設定。

那麼，由上而下建立與由下而上匯總，又該如何融合？舉設計階段進度百分比的訂定為例：如果此建廠專案在一開始的時候，就有參考廠的資料，知道土建、機械、電氣、儀控等，各該出怎樣的圖？出多少張？有一份參考圖說清單可以供設計部門規畫設計圖出圖進度，此時設計工作的 WBS 就是各類工程圖的圖說清單中的圖名圖號，假設每一張圖的權重都一樣（亦可以設定成不一樣），全部假設需 5,100 張圖，則每一張圖的完成進度為 0.02%，假設土建工程圖規畫有 1,220 張，則土建圖說匯總後，土建設計進度占設計進度 24%。

另一種情況是，此建廠工程案沒有參考廠的資料，此時必須由上而下，先規畫有幾個分組來繪製工程圖，並依據經驗設定其百分比，以及理論以及經驗上應該有的圖數，例如：

1. 土建工程設計（25%，初估 1,000 張圖）。
2. 機械工程設計（10%，初估 400 張圖）。
3. 全廠配置及管線工程設計（35%，初估 1,200 張圖）。
4. 電氣工程設計（15%，初估 600 張圖）。
5. 儀表工程設計（15%，初估 700 張圖）。

然後在設計作業開始後，不斷的根據最新版的圖說清單，修正已完成，以及未完成的圖說數目，以取得較爲精確的進度值，亦即規畫時，採取由上而下設定，但實際執行時，可以修訂進度計算資料庫，以由下而上的匯總結果，取得最新的進度值。至於以由下而上的匯總得到不同的權重數據後，是否要將原來的設定值百分比修訂過來，更新成最新加總結果。此時就要看在管理上是否需要，一般而言數值差異不大，對管理觀點上不會失眞，兩者可以並存，不需作原設定之修訂。設備製造的進度估計，也是用同樣的方法。

依據以上的方法，可以逐步建立工程進度計算資料庫，等實際工作開始後，即可由鍵入完成值以取得實際進度。

# 第三節　工程進度計畫架構的建立

## 一、規畫工作分項架構

規畫工作分項架構 WBS 是執行專案很重要的步驟，如果建廠工程的業主負責設計及工程數量計算，也就是俗稱的檢料，同時將相關工項及其數量以工程總表及詳細數量表來表達時，此份總表及詳細數量表應作爲工作分項架構的主要依據。同時，這份表也是請款的主要依據。然而，如果業主提供的架構太過籠統，不夠詳細時，建廠統包商應依據需求訂定。

至於工作分項架構要分的多細才夠？要看每個專案不同，但可以依據以下的原則來判斷：

1. 設計進度的 WBS 工項原則上依據每張圖規畫，如果同類型的圖是一次完成一套，則一套圖可以合併為一個工項。

2. 機電設備製造及交運的 WBS 規畫，原則上需和設備安裝一致，舉例而言，設備若有 650 項，則製造交運也應有 650 項。此外，一般交運進度都和製造進度合併，以設備運到工地才算進度，但若因應合約或業主要求時，也可以分開計算。
3. 安裝每一個單一機械設備（如泵、風車、桶槽、熱交換器、刮泥機……）都需有單一的工項 ID，並依據不同的系統分別歸類。但是坐落鄰近位置且規格相同的設備其 WBS 的 ID 可以合併。機械設備管線的管架、管線、平臺、保溫、油漆等，可以視需求以個別一個，或合併一區給予一個工項 ID。
4. 安裝每一個單一電氣設備（如 GIS 開關箱、變壓器、馬達控制中心、控制盤……）都需有單一的工項 ID，但是坐落鄰近位置且規格相同的設備其 WBS 的 ID 可以合併。電纜線架（Cable Tray）、電纜線布線、結線、電管及另件、接地、照明、通訊……可以視需求個別或合併，甚至不同分區，分別給予一個工項 ID。
5. 土建工程建造可以依據地工、結構、裝修、水電、道路排水及雜項等先分大類，再以分區、分樓層等方式將所有工項細分出來。例如以結構而言，可以先分為鋼構、鋼筋、模板、混凝土，再依據計畫分段施作之高程及區域予以細分，以便計算出其數量後，依據數量給予權重。
6. 工作分項架構 WPS 所分的建造及安裝工項，不只用在進度、請款，同時還用在品管分項上，亦即相對一個工項，應該有一張品管表單，因此此分項不宜太籠統，若一件工作有兩個分包商或製造商合力完成，應予分開。同時，亦不宜太細，以避免太多文書工作。
7. 以時程管制的角度而言，此工作分項之時程，長不宜超過三週，以利進度檢核，短不宜低過一天，以避免過多資料鍵入。然而，實際上還需視計畫特性及需求予以調整。

## 二、填入各工項合約價值

當工作分項架構 WBS 確定後，接下來就是填入各工項的合約價值，對建廠統包商而言，其合約有對業主的合約，亦有對下包商的合約，此時該如何選擇？一般的建議如下：

1. 如果與業主的合約中已經有很詳細的工作分項架構，則各工項填入的合約值應以業主的合約價值爲依據。
2. 如果與業主的合約中沒有很詳細的分項架構，則 WBS 大架構的分項上，採取業主合約價值，其匯總值應爲合約直接工程費用總和。然後在大架構下，由各分項合約中，繼續細分成各工項，依據與下包商的合約，定義出該工項的價值。此時各工項價值加總爲分項合約值加總，和與業主的統包合約值不同，因此最後轉換成進度權重時，需考慮到調整比例。
3. 如果與下包商的合約是依據實際完成數量計價，只有合約單價，並未有合約分項價格時，應將該工項的計量方式轉換成其價值或進度權重比例。如圖一管線工程爲例，以各管線的 BM 值可轉換成進度權重，同樣的道理，模板工程可以用每平方公尺，鋼筋工程可以用每噸鋼筋來轉換進度權重。

## 三、計算各工項的權重

有了各工項的合約價值後，就可以繼續計算各工項的價值百分比，亦即可以計算其進度權重。當權重設定好或計算好之後，需加總確認其總和爲 100%。即使總和爲 100% 時，還需小心認定計算好的權重是占全廠工程的權重 %，還是建造工程的權重 %，亦或是只有其中管線工程的權重 %。同時，並應繼續以由下而上的匯總方式，繼續匯總至全廠工程總進度爲止。

## 四、若工項需分階段完成時，需定義各階段所占比重

由於某些工項需分階段完成，而合約也規定依據各階段完成程度來付款時，進度計算資料庫就必須再設定各階段所占的比重。圖 8-1 的例子是將管線工程分成預製、安裝及試壓三個階段，預製完成只占 40%、安裝占 45%，試壓占 10%，如此可以更精確的了解到該工程的進度。類似的例子中，模板工程可以分成組模及拆模，設備工程可以分成安裝及檢驗等，可視實際需求設定。

## 五、進行模擬測試，完成工程進度計算資料庫

在完成工程進度計算資料庫後，在使用之前，需先經過模擬測試，確認加總計算結果無誤後，才算大功告成。圖 8-3 是機械設備安裝工程進度資料庫製範例。

WWTP PROJECT

EQUIPMENT INSTALLATION PROGRESS CALCULATION REPORT

REPORT DATE : 24-May-08

| Progress | Qty Done (Sets / Total sets) | Overall BOQ Done (tons) | Overall BOQ Done % | Installation Complete % | Inspec. Complete % | commiss. Complete % | Cut Off Date | Remark |
|---|---|---|---|---|---|---|---|---|
| Subcon 1 | 218 / 698 | 190.97 | 48.13% | 54.28% | 28.52% | | | |
| Subcon 2 | 49 / 88 | 200.32 | 61.16% | 71.42% | 33.06% | | | |
| Total | 267 / 786 | 391.29 | 54.02% | 62.03% | 30.57% | | | |

| Ser. No. | Tag No. | Equipment Name | Work Volume % | BOQ | | Work done % to All | Actual Work Done Claimed BOQ (ton) | Install.Complete (80%) | | Installation Inspection (10%) | | Pre-commissioning (10%) | |
|---|---|---|---|---|---|---|---|---|---|---|---|---|---|
| | | | | unit | Installation Volume | | | Work done % | Date | Work done % | Date | Work done % | Date |
| | | **Blower Facility** | | | | | | | | | | | |
| 4.1.4.1 | GB2001AB | Blower (1) | 5.227% | ton | 25.000 | 4.704% | 18.00 | 90% | 5-Oct-07 | | | | |
| | | Accessories (Noise cover, Miscellaneous equipment etc) | 7.113% | ton | 25.000 | 6.402% | 18.00 | 90% | 11-Apr-08 | | | | |
| (incl. 4.1.4.1) | FG2001AB | Suction Silencer | 0.563% | ton | 3.600 | 0.563% | 3.24 | 100% | 21-Sep-07 | 100% | 21-Sep-07 | | |
| (incl. 4.1.4.1) | FG2002AB | Discharge Silencer | 0.532% | ton | 3.400 | 0.532% | 3.06 | 100% | 21-Sep-07 | 100% | 21-Sep-07 | | |
| (incl. 4.1.4.1) | FG2003AB | Blowoff Silencer | 0.344% | ton | 2.200 | 0.344% | 1.98 | 100% | 21-Sep-07 | 100% | 21-Sep-07 | | |
| 4.1.4.2 | HB2001AB | Discharge Valve (1) | 0.358% | ton | 2.460 | 0.179% | 0.98 | 50% | 9-Nov-07 | | | | |
| 4.1.4.3 | HB2002AB<br>HB2003AB | Check Valve (1)<br>Anti Surge Valve (1) | 0.286% | ton | 1.960 | 0.257% | 1.41 | 90% | 12-May-08 | | | | |
| 4.1.4.4 | FC2001AB | Air Filter | 0.112% | ton | 0.760 | 0.056% | 0.30 | 50% | 12-May-08 | | | | |
| 4.1.4.6 | GA2001AB | Floor Drainage Pump | 0.038% | ton | 0.200 | | | | | | | | |
| 4.1.4.5 | JE2001 | Crane | 2.475% | ton | 11.200 | 2.475% | 10.08 | 100% | 11-Jan-08 | 100% | 14-Jan-08 | | |
| | | **Wastewater Treatment Plant** | | | | | | | | | | | |

Equipment / Piping / PIPING SUPPORT / STEEL STRUCTURE / Painting / Insert Pipe / Insert Plate / Insulation / Report

圖 8-3 設備工程進度計算範例。

（九碁工程技術顧問有限公司提供）

## 第四節　預定進度的設定以及定義S曲線

完成了進度資料庫，可以計算工地進度後，工作還不算全部完成。因爲僅僅知道目前進度如何，但是若沒有比較基準，不知道此進度是超前還是落後，在管理上還是缺了一角。因此下一步就是設定全廠工程的預定進度。

原則上預定進度的設定方法是架構在前述的進度計算資料庫上的，亦即採用相同的工作分項架構 WBS，以及相同的進度權重。然後參考本工程主進度時程表的規畫，將各工項完成後應得的進度比例，分配在 MS EXCEL 試算表相對的時間欄位內，當所有的工項的權重都依據其預定完成時程鍵入各欄位後，最後可以彙總整個工程各時段的進度總計，以及整個建廠工程進度的累計。

大宗材料（Bulk Material）安裝工作，如管架預製及安裝、管線預製及安裝、保溫、油漆、電纜線拉線、結線……等，其工作非常瑣碎，若要一一設定其預定進度時，會浪費很多無謂的時間。因此可以用全廠的工作來安排，圖 8-4 是機械大宗材料的預定進度設定範例。由於管架製作及安裝、管線預製及安裝、保溫、油漆等所需工種不同，因此其預定進度應分開規畫，以便能知道個別工項的進度是否能符合原規畫預定進度。

如果將整廠工程進度累計值爲 Y 座標，時間軸爲 X 座標繪圖，可以得到一個預定進度，以及實際進度 S 型的進度累計曲線，簡稱 S 曲線。S 曲線是整個建廠專案的總進度績效指標，對於業主及專案經理評估整個專案進度非常重要，因此在專案一開始時就應開始規畫，許多公共工程甚至規定 S 曲線連同主進度表以及施工網路要徑圖一併送顧問公司核准，以便日後追蹤評估，製作時不可不愼。

## 第五節　計價請款條款訂定原則

建廠工程的計價請款雖然與進度息息相關，但因其事關重大，因此都

| | A | B | C | D | E | AJ | AK | AL | AM | AN | AO | AP | AQ | AR | AS | AT | AU | AV | AW | AX |
|---|---|---|---|---|---|---|---|---|---|---|---|---|---|---|---|---|---|---|---|---|
| 1 | **Plan Progress Calculation** | | | Total Quantity | | | Apr-2008 | | | | | May-2008 | | | | Jun-2008 | | | | |
| 2 | | | | | | 65 | 66 | 67 | 68 | 69 | 70 | 71 | 72 | 73 | 74 | 75 | 76 | 77 | 78 | 79 |
| 3 | | | | Weight % | | 3/28 | 4/4 | 4/11 | 4/18 | 4/25 | 5/2 | 5/9 | 5/16 | 5/23 | 5/30 | 6/6 | 6/13 | 6/20 | 6/27 | 7/4 |
| 6 | Piping Works Summary | | | | % | 2.889% | 2.713% | 2.711% | 2.890% | 2.983% | 5.083% | 4.001% | 3.652% | 5.305% | 4.977% | 4.977% | 4.977% | 4.334% | 4.094% | 4.094% |
| 7 | | | | 100% | % Accu. | 39.01% | 41.72% | 44.43% | 47.32% | 50.30% | 55.39% | 59.39% | 63.04% | 68.34% | 73.32% | 78.30% | 83.28% | 87.61% | 91.70% | 95.80% |
| 8 | Piping Work Shop Pre-fabrication | Pipe Support | | 106.3 | Ton | 6 | 6 | 6 | 6 | 6 | 6 | 0.16 | | | | | | | | |
| 9 | | | | | Ton Accu. | 76.14 | 82.14 | 88.14 | 94.14 | 100.14 | 106.14 | 106.30 | | | | | | | | |
| 10 | | | | 13.9% | % | 5.6% | 5.6% | 5.6% | 5.6% | 5.6% | 5.6% | 0.2% | | | | | | | | |
| 11 | | | | | % Accu. | 71.6% | 77.3% | 82.9% | 88.6% | 94.2% | 99.8% | 100.0% | | | | | | | | |
| 12 | | Pipe Spool | | 69,182 | BM | 2,600 | 2,600 | 2,600 | 2,600 | 3,000 | 3,000 | 2,700 | 2,600 | 1,693 | | | | | | |
| 13 | | | | | BM Accu. | 48,389 | 50,989 | 53,589 | 56,189 | 59,189 | 62,189 | 64,889 | 67,489 | 69,182 | | | | | | |
| 14 | | | | 13% | % | 3.8% | 3.8% | 3.8% | 3.8% | 4.3% | 4.3% | 3.9% | 3.8% | 2.4% | | | | | | |
| 15 | | | | | % Accu. | 69.9% | 73.7% | 77.5% | 81.2% | 85.6% | 89.9% | 93.8% | 97.6% | 100.0% | | | | | | |
| 16 | Piping Work Site Installation | Insert Pipe | | 7852 | Kg | 150 | 150 | 150 | 150 | 100 | | | | | | | | | | |
| 17 | | | | | Kg Accu. | 7301.94 | 7451.94 | 7601.94 | 7751.94 | 7852 | | | | | | | | | | |
| 18 | | | | 2.0% | % | 1.9% | 1.9% | 1.9% | 1.9% | 1.3% | | | | | | | | | | |
| 19 | | | | | % Accu. | 93.0% | 94.9% | 96.8% | 98.7% | 100.0% | | | | | | | | | | |
| 20 | | Insert Plate | | 6880 | Kg | 70 | 70 | 60 | 60 | 50.22 | | | | | | | | | | |
| 21 | | | | | Kg Accu. | 6639.78 | 6709.78 | 6769.78 | 6829.78 | 6880 | | | | | | | | | | |
| 22 | | | | 1.3% | % | 1.0% | 1.0% | 0.9% | 0.9% | 0.7% | | | | | | | | | | |
| 23 | | | | | % Accu. | 96.51% | 97.53% | 98.40% | 99.27% | 100.00% | | | | | | | | | | |
| 24 | | Steel Structure | | 38.798 | Ton | | | | | | 3.88 | 3.88 | 3.88 | 3.88 | 3.88 | 3.88 | 3.88 | 3.88 | 3.88 | 3.88 |
| 25 | | | | | Ton Accu. | | | | | | 3.88 | 7.76 | 11.64 | 15.52 | 19.40 | 23.28 | 27.16 | 31.04 | 34.92 | 38.80 |
| 26 | | | | 3.6% | % | | | | | | 10% | 10% | 10% | 10% | 10% | 10% | 10% | 10% | 10% | 10% |
| 27 | | | | | % Accu. | | | | | | 10.0% | 20.0% | 30.0% | 40.0% | 50.0% | 60.0% | 70.0% | 80.0% | 90.0% | 100.0% |
| 28 | | Pipe Support | | 106.3 | Ton | 6 | 6 | 6 | 6 | 6 | 6 | 3.25 | | | | | | | | |
| 29 | | | | | Ton Accu. | 72.77 | 78.77 | 84.77 | 90.77 | 96.77 | 102.77 | 106.02 | | | | | | | | |
| 30 | | | | 10.1% | % | 5.6% | 5.6% | 5.6% | 5.6% | 5.6% | 5.6% | 3.1% | | | | | | | | |
| 31 | | | | | % Accu. | 68.5% | 74.1% | 79.7% | 85.4% | 91.0% | 96.7% | 100.0% | | | | | | | | |
| 32 | | Pipe Installation | | 84,485 | BM | 3,500 | 3,500 | 3,500 | 3,500 | 3,666 | 4,000 | 4,000 | 4,000 | 3,600 | 3,600 | 3,600 | 3,600 | | | |
| 33 | | | | | BM Accu. | 43,919 | 47,419 | 50,919 | 54,419 | 58,085 | 62,085 | 66,085 | 70,085 | 73,685 | 77,285 | 80,885 | 84,485 | | | |
| 34 | | | | 15% | % | 4.1% | 4.1% | 4.1% | 4.1% | 4.3% | 4.7% | 4.7% | 4.7% | 4.3% | 4.3% | 4.3% | 4.3% | | | |
| 35 | | | | | % Accu. | 52.0% | 56.1% | 60.3% | 64.4% | 68.8% | 73.5% | 78.2% | 83.0% | 87.2% | 91.5% | 95.7% | 100.0% | | | |
| 36 | | | | [illegible] | M2 | | | | | | 196 | 196 | 196 | 196 | 196 | 196 | 196 | 196 | 196 | 196 |

圖 8-4　機械管線大宗材料的進度計算範例。

（九碁工程技術顧問有限公司提供）

會在合約上明確規定，且各個專案都不同。本質上合約上的計價請款條款都依據四個原則。

## 一、計量計價原則

進度款應盡量依可量度的數量給付，如設計以完成圖數計算，安裝設備以安裝噸數計算，安裝管線以安裝 BM 數或焊口 DB 數計算，完成多少進度，請多少款。如果某工作很難以明確計量方式表述時，通常會以一式來概括。當數量以一式計價時，原則上都要等全部完成後，才能計到全部款項，如果合約雙方對此一式計價方式有不同意見時，需另外約定可行的計價方式，如擬定請款計畫書將一式計價再細分爲可計量之工項，由業主核可後執行。

## 二、風險承擔原則

相關的風險，應由有能力控制或承擔者來承擔。例如設備在工廠製造，雖然有製造進度，但業主無法控制其風險，若製造商倒閉，其製造至一半的設備也無法使用，因此一般都是以貨到工地（Free on site）或貨到運載甲板（Free on board，指貨運車或船上）才予計價，而製造期間之風險由製造商承擔。至於安裝進度與計價方式則不同，因為設備材料進入工地後，已屬於業主財產，或至少業主可以控制其風險，因此安裝時可以按照安裝進度計價，不需等到完全安裝完成後才計價。

## 三、相對保障原則

相對保障原則是指合約雙方都應給予對方相對保障，以降低雙方之風險。如前述的設備製造請款，雖然是貨到付款，但是對於定製品，製造商多半希望製造所需之材料費用，應由業主先付，業主可以同意這一點，以預付款的方式（通常 20%～30%）先付，但付款的同時，也要製造商開相對金額的銀行不可撤銷信用狀（Letter of Credit），以作為保障，這就是相對保障原則。

## 四、部分保留原則

一般合約計價條款中，都會有部分保留款，以保障業主權益，保留款原則上會因以下三種情況產生：

### 1. 等待品管稽查

第一種情況是等品管查驗，某工項雖然已經完成，但是在業主品管查驗尚未通過前，保留部分比例，待查驗通過後才給付。此原則比較極端的案例是給付給混凝土包商的款項，需等到 28 天試驗報告合格後，才全部一次給付。

### 2. 讓小包共同分攤風險

建廠統包商與業主的合約有 10% 保留款，等到工程全部驗收後給付，因此統包商與小包合約常常因此而保留 10% 款項，到全部工程驗收後給付。

### 3. 以保留利潤方式留住包商

此情況適用的一個例子是，綁匝鋼筋雖然以噸數計算，但基礎大底鋼筋容易綁匝，高層樓鋼筋不易綁匝。為避免小包只賺容易賺的錢，在領取大底鋼筋金額後即轉到其他工地，因此有些合約會訂計價保留款，如一般樓層保留 5～10%，大底鋼筋保留 10～20%，等待全部鋼筋工程完成後支付，以保留利潤的方式留住包商在工地繼續施工。

有些建廠工程的業主，將整個建廠工程的細部設計與施工交給一個建廠統包商負責時，在招標與議約階段，不可能將工程數量定義的很清楚，亦即在合約中只能原則性的說明請款方式，如預付款若干，進度款若干以及保留款比例等。在此情形下，為了未來請款作業能順暢，通常可由建廠統包商在設計告一段落後，提報請款計畫書（Cost Plan）請業主／顧問公司核准，其後設備製造及安裝則依據請款計畫書上的項目，逐一予以計價。而此請款計畫書在實務上，應與進度計算資料庫相關，亦即應由進度資料庫轉化而來。也就是說，在製作進度計算資料庫的同時，將各 WBS 的工項權重，轉換成相對金額，即可很快的完成請款計畫書。

# 第六節 實際進度計算追蹤與趕工對策方法

## 一、進度計算與追蹤

建廠工程進度計算資料庫，原則上應該在進駐工地前就應該完成。完成的內容除了進度計算工地進度的試算表程式外，還應包括預定進度計畫表（以每週為單位）。工地動工後，每週調查統計一次工地進度，並將進度報告呈給工地經理（範例如圖 8-5、圖 8-6）。工地經理比較原計畫的預定進度與實際進度計算結果，可以了解工地進度現況與差異，進度若有落後時，應查明原因，並作進一步的指示，要求相關部門及小包提出趕工對策。

WWTP Project　　　　5/24/2008

**WEEKLY REPORT**
**For the Week of 16-May-08**

**ELECTRICAL WORK**

| ITEM CODE | Place | | Work Items | Weight % | Unit | Total amount | Completed work(%) Up to now | Accum. Q'TY Up to Last Week | Q'TY done This Week | Accum. Q'TY Up to Now | REMARK |
|---|---|---|---|---|---|---|---|---|---|---|---|
| EQU. | Diesel Engine Generator | | | 2.604% | % | 100% | 46.72% | 46.72% | 0.00% | 46.72% | |
| ELECTRICAL | SHOP Pre-fabricatio | | Cable Tray/Duct with Support | 4.039% | m | 5,178 | 38.90% | 1,932.00 | 82.50 | 2,014.50 | |
| | | | Cable Cut & Name Index | 2.325% | m | 129,933 | 0.00% | 0.00 | 0.00 | 0.00 | |
| | SITE Installation | Equipment (Transformer, Panel….) | | 18.618% | Set | 321 | 49.22% | 128.00 | 30.00 | 158.00 | |
| | | Cabling and Bulk Material | Cable Tray/Duct with Support | 16.156% | m | 5,178 | 38.90% | 1,932.00 | 82.50 | 2,014.50 | |
| | | | Steel Conduit & Flexible Conduit | 3.694% | m | 6,664 | 0.00% | 0.00 | 0.00 | 0.00 | |
| | | | Flexible conduit FEP (Under Ground) | 2.484% | m | 3,500 | 78.21% | 2,644.40 | 93.00 | 2,737.40 | |
| | | | Lighting fixture | 3.798% | Set | 592 | 0.00% | 0.00 | 0.00 | 0.00 | |
| | | | Cable Pulling | 20.922% | m | 129,933 | 0.00% | 0.00 | 0.00 | 0.00 | |
| | | | Termination | 3.301% | Set | 15,310 | 0.00% | 0.00 | 0.00 | 0.00 | |
| | | | Motor Rotation Test | 2.015% | Set | 152 | 0.00% | 0.00 | 0.00 | 0.00 | |
| | | | Grounding | 3.558% | m | 10,183 | 1.98% | 202.00 | 0.00 | 202.00 | |
| INSTRU. | Control Room Equipment | | | 0.475% | Set | 16 | 56.25% | 9.00 | 0.00 | 9.00 | |
| | Local Instr & Final Control Element | | | 1.133% | Set | 426 | 0.00% | 0.00 | 0.00 | 0.00 | |
| Paint | Painting | | | 0.332% | M2 | 180 | 0.00% | 0.00 | 0.00 | 0.00 | |
| Civil | Manhole Installation | | | 9.230% | Set | 23 | 83.48% | 19.20 | 0.00 | 19.20 | |
| | Foundation (Outdoor lighting) | | | 2.928% | Set | 155 | 0.00% | 0.00 | 0.00 | 0.00 | |
| | Underground Work | | | 2.389% | % | 100% | 87.14% | 86.12% | 1.02% | 87.14% | |
| Summary | | | Equipment(GR,TR,SG, Panel, Instru.) | 22.830% | % | 100% | 46.64% | | | | |
| | | | Cable/Cable Tray/Conduit | 77.170% | % | 100% | 25.47% | | | | |

Book1.xls　　　　1/1

圖 8-5　每週進度報告範例。
（九碁工程技術顧問有限公司提供）

## 二、趕工對策與方法

工程實際進度與預定進度比較，發現進度落後時，應要求包商提出趕工計畫。一般可施行的趕工計畫之對策詳述於第七章，簡述如下：

1. 增加人力。
2. 延長工時。
3. 採取兩班制或三班制。
4. 增加機具。
5. 改變工序。
6. 改變工法。
7. 改變材料。

WWTP PROJECT

THE PLANNING AND ACTURAL CONSTRUCTION PROGRESS FOR ELECTRICAL WORK

| Electrical Work Progress | | | | | Mar-2008 | | | | Apr-2008 | | | |
|---|---|---|---|---|---|---|---|---|---|---|---|---|
| | | | | | 62 | 63 | 64 | 65 | 66 | 67 | 68 | 69 |
| | | | | | 3/7 | 3/14 | 3/21 | 3/28 | 4/4 | 4/11 | 4/18 | 4/25 |
| Equipment(GR,TR,SG,Panel) Summary | | | Plan | % Accu. | | | | 1.14% | 6.04% | 14.16% | 24.91% | 38.27% |
| | | | Actual | % Accu. | | | 0.52% | 3.67% | 5.77% | | | |
| | | | Variance | % | | | 0.52% | 2.53% | -0.28% | | | |
| Cable, Fitting and Others Summary | | | Plan | % Accu. | 15.30% | 17.07% | 20.45% | 23.84% | 27.45% | 31.51% | 36.04% | 41.49% |
| | | | Actual | % Accu. | 17.13% | 17.83% | 18.74% | 19.61% | 21.64% | | | |
| | | | Variance | % | 1.83% | 0.76% | -1.71% | -4.23% | -5.81% | | | |
| Diesel Engine Generator | | | Plan | % Accu. | | | | 10.00% | 30.00% | 50.00% | 70.00% | 90.00% |
| | | | Actual | % Accu. | | | | 27.59% | 45.99% | | | |
| | | | Variance | % | | | | 17.59% | 15.99% | | | |
| SHOP Pre-fabrication | Cable Tray/Duct with Support | | Plan | % Accu. | 23.48% | 33.14% | 42.80% | 52.45% | 62.11% | 71.77% | 81.42% | 89.15% |
| | | | Actual | % Accu. | 25.20% | 25.90% | 28.62% | 28.62% | 34.07% | | | |
| | | | Variance | % | 1.72% | -7.24% | -14.18% | -23.83% | -28.04% | | | |
| | Cable Cut & Name Index | | Plan | % Accu. | | | | | | | 3.85% | 10.01% |
| | | | Actual | % Accu. | | | | | | | | |
| | | | Variance | % | | | | | | | | |
| SITE Installation | Elec. Equipment (Transformer, Panel....) | | Plan | % Accu. | | | | | 3.22% | 9.65% | 19.29% | 32.15% |
| | | | Actual | % Accu. | | | 0.64% | 0.64% | 0.64% | | | |
| | | | Variance | % | | | 0.64% | 0.64% | -2.58% | | | |
| | Cabling and Bulk Material | Cable Tray/Duct with Support | Plan | % Accu. | 21.55% | 23.48% | 33.14% | 42.80% | 52.45% | 62.11% | 71.77% | 81.42% |
| | | | Actual | % Accu. | 25.20% | 25.90% | 28.62% | 28.62% | 34.07% | | | |
| | | | Variance | % | 3.65% | 2.42% | -4.52% | -14.18% | -18.38% | | | |
| | | Steel Conduit & Flexible Conduit | Plan | % Accu. | | | | | | 7.50% | 19.51% | 31.51% |
| | | | Actual | % Accu. | | | | | | | | |
| | | | Variance | % | | | | | | | | |
| | | Flexible conduit FEP (Under Grou | Plan | % Accu. | 39.86% | 45.57% | 51.29% | 57.00% | 65.57% | 74.14% | 82.71% | 88.43% |
| | | | Actual | % Accu. | 49.79% | 53.34% | 55.10% | 57.76% | 58.78% | | | |
| | | | Variance | % | 9.93% | 7.77% | 3.81% | 0.76% | -6.79% | | | |
| | | Lighting fixture | Plan | % Accu. | | | | | | | | |
| | | | Actual | % Accu. | | | | | | | | |
| | | | Variance | % | | | | | | | | |
| | | Cable Pulling | Plan | % Accu. | | | | | | | | 3.85% |
| | | | Actual | % Accu. | | | | | | | | |
| | | | Variance | % | | | | | | | | |
| | | Termination | Plan | % Accu. | | | | | | | | |
| | | | Actual | % Accu. | | | | | | | | |
| | | | Variance | % | | | | | | | | |
| | | Motor Rotation Test | Plan | % Accu. | | | | | | | | |
| | | | Actual | % Accu. | | | | | | | | |
| | | | Variance | % | | | | | | | | |
| | | Grounding | Plan | % Accu. | 1.98% | 1.98% | 1.98% | 1.98% | 4.93% | 9.84% | 17.69% | 25.55% |
| | | | Actual | % Accu. | 1.98% | 1.98% | 1.98% | 1.98% | 1.98% | | | |
| | | | Variance | % | | | | | -2.95% | | | |
| | Control Room Equipment | | Plan | % Accu. | | | | | | 28.57% | 57.14% | 85.71% |
| | | | Actual | % Accu. | | | | | | | | |
| | | | Variance | % | | | | | | | | |
| | Local Instr & Final Control Element | | Plan | % Accu. | | | | | | | | |
| | | | Actual | % Accu. | | | | | | | | |
| | | | Variance | % | | | | | | | | |
| | Painting | | Plan | % Accu. | | | | | | | | |
| | | | Actual | % Accu. | | | | | | | | |
| | | | Variance | % | | | | | | | | |
| | Manhole Installation | | Plan | % Accu. | 59.57% | 63.91% | 68.26% | 72.61% | 76.96% | 81.30% | 85.65% | 90.00% |
| | | | Actual | % Accu. | 62.17% | 62.17% | 63.04% | 68.43% | 73.00% | | | |
| | | | Variance | % | 2.60% | -1.74% | -5.22% | -4.18% | -3.96% | | | |
| | Foundation (Outdoor lighting) | | Plan | % Accu. | | | | | | | | |
| | | | Actual | % Accu. | | | | | | | | |
| | | | Variance | % | | | | | | | | |
| | Underground Work | | Plan | % Accu. | 34.16% | 39.16% | 44.16% | 49.16% | 54.16% | 59.16% | 64.16% | 69.16% |
| | | | Actual | % Accu. | 45.39% | 58.36% | 59.75% | 64.04% | 64.84% | | | |
| | | | Variance | % | 11.23% | 19.20% | 15.59% | 14.88% | 10.68% | | | |

D:¥Paper Publish¥Progress Calculation¥Progress Calculation – Mechanical Plan&Actural Version 4.xls 1/1

圖 8-6 實際進度與預定進度比較報告範例。

（九碁工程技術顧問有限公司提供）

8. 變更計價方式或採取獎勵措施。

其中最有效的應爲增加人力、機具或延長工時，若進度落後嚴重，或者施工空間有限，無法以增加人力方式趕工時，即應考慮以採取兩班制甚至三班制方式趕工。然而，有時候從改變工序（如原本兩工項是接續作業，改成平行作業）、改變工法（如場鑄水溝改成預鑄水溝）或改變材料（如混凝土加大磅數，或加早強劑）可以節省施工時程時，應可優先考慮。最後，變更計價方式（如進度落後超過 5% 時，停止計價）或採取獎勵措施（提早達成進度發放獎金）亦可以威嚇或鼓勵小包商採取有效的趕工措施。

## 第七節　結論

工程計價管控與工程進度息息相關，要把計價管控與進度管控工作做好，首先就是要能清楚的定義其所需進行的工作，包括其工作的工作分項結構 WBS，及其應完成的數量與相對權重 %，利用試算表軟體，很快的就可以建立全廠進度計算資料庫。當工程動工後，再每週詳細調查實際完成數量，鍵入進度資料庫後，可以很快的得到實際進度，此實際進度可以作爲計價的依據。而實際進度與預定進度的比較，可以作爲時程管控的依據。

進度、預算、品質是建廠工程管理的三大支柱，進度計算關連到進度管控及預算管控，是有志於建廠工程的工程師必須具備的管理常識。

## 問題與討論

1. 計價請款分成哪幾類？為什麼計價請款是建廠工程師最重要的工作？
2. 計算建廠工程進度計算的目的是什麼？
3. 能否簡要敘述訂定工程預定進度的方法？
4. 合約計價請款條款訂定的原則有哪四項？
5. S 曲線是如何制定出來的？ 制定的目的是什麼？

# 第九章
# 建廠工程的品質管理及控制

## 重點摘要

建廠工程管理的三大目標，就是在預算內、符合品質的條件下如期完工。這也是參與建廠的工程師們一致努力的目標。其中的品質管理工作，涉及到未來建廠完成後是否能完成試車運轉，通過驗收並能順利結案，事關重大，也是參與建廠的每一個工程師的責任。本章主要介紹大型建廠工程的品質管理及其控制的工作重點，以及建廠工程品質管理心法，好讓整個建廠專案的品質管理工作有一個輪廓。

建廠工程的品管，跟公共工程品管一樣，採用三級品管，第一級是自主品管，也就是工作的人第一次就要把事情做好，第二級是品質管制，也就是有人監督查核確認事情是做對的，第三級是品質保證，也就是確認一、二級品管有確實實施。本章的重點就在敘述整個建廠工程的三級品管制度。

## 第一節　品管的基本觀念與工作重點

建廠工程的品質管理，不只是施工的品質把關，而是從材料的選用開始，包括設計、製造、運送點交，一直到工地施工與試車，都需要層層節制，做好品質的管理。但品質管理並非要求「最好」，而是要求「適當」，亦即需「符合標準」。但「標準」需由了解其內涵及意義的專家訂定，且工作須「一次就把事情做好」，而非逐次改善而達標。之所以如此，是因爲資源有限，而工程就是要把有限的資源，包括材料與人力，作最經濟有效的運用。品管是工程中的一個環節，自然不能自外於此原則。

此外，建廠工程是一個團隊工作，品管是每一個人的責任，對於少數人無法進行「自主品管」時，「帳要算到當事人頭上」，因此品管記錄及品管統計是品質管控很重要的工具。

基於上述的基本觀念，建廠工程負責品管管控的人，其工作重點為：

1. 標準的選擇與訂定
2. 工作程序及品管檢核點的訂定與管制
3. 品管查驗
4. 品管記錄保存與統計

以下就品管組織的分工以及工程各階段，針對品管工作重點如何進行相關的品管管控事項作一說明。

## 第二節 品管組織及分工

由於品管是每一個參與建廠的工程師及工人的責任，亦即品管觀念及落實需要靠每一個人來實踐，因此，建廠工程的品質要提升，要靠每一個參與的人，而不能單靠品管人員。因此，當工程規模不大時（工程會規定之查核金額以下的工程），通常不需設置專責品管人員，品管工作直接由專案經理及工地主任負責，當工程到達一定規模以上（一般建議工務所工程師超過 5 人以上，或工程規模達工程會規定的查核金額以上）時，才會設置品管工程師負責品管內業工作。而大型建廠工程計畫動輒數十億，則需設置獨立的品管部門及專業的品管經理來進行標準訂定、程序訂定、記錄保存與統計等工作，但每一項施工的品質查驗工作，仍然是每一個工程師應承擔的。

目前一般工程品管實務上，都採取三級品管制度，亦即小包（施作者）完成工作及自我品管（第一級品管）要求後，通知統包商進行自主品管（第二級品管），確認合格後，通知業主代表或顧問公司進行查驗（第三級品管）。如果三級品管制度都能夠確實落實，品質工作自然將有所保證（圖 9-1）。

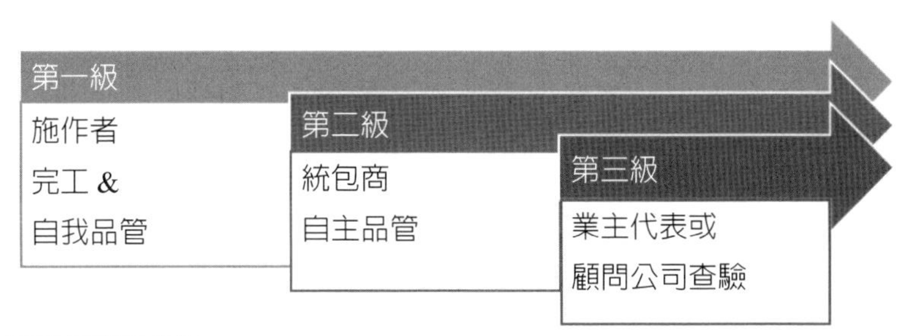


圖 9-1　三級品管概念圖。
（方偉光技師／製圖）

以下就大型建廠工程，在工程各階段應進行的品管規畫工作，及品管管控工作，作一詳細的說明。

## 第三節　工程開工及動工前後應進行的品管規畫

由於近十年來國際品管認證 ISO9001 的普及以及許多公司對於工程管理的重視，因此許多工程公司及營造廠多已建立各公司的品管制度以及流程，且已建立許多管理表格。因此，對於建廠工程開工後應建立的品管文書工作，可以立即用相關的電子檔案加以修改，已不會花費太多時間。以下就工程開工以及動工前後，品管負責人應進行的品管文件規畫工作如下：

### 一、建廠統包商應進行的品管作業規畫

建廠統包商最先應完成的品管作業就是擬定整體施工計畫書與整體品質計畫書。

整體品質計畫書是整個建廠工程的品管綜合規畫，內容應涵蓋品管組織、施工要領、品質管理標準、材料及施工檢驗程序，品管檢查表，不合格品管制，矯正與預防措施，內部品質稽核、文件紀錄管理系統以及設備功能運轉檢測程序及標準等。由於大型建廠工程設備種類繁複，很多品管檢驗標準及程序需要等到供應商確認後才能確定，因此初次的整體品質計畫書是先擬定整體品管架構及相關程序、檢驗項目、標準及表單的初稿。

此項工作應在工程開工後，且在工地動工前完成。對於大型建廠工程，另一種作法是在整體品質計畫書中先擬定大綱及各分項品質計畫書目錄，其餘細節在後續資料明確後再逐項擬定分項品質計畫書（圖 9-2）。以下工作是在擬定整體品質計畫書時，應優先進行的工作：

擬定各階段品管程序和流程

安裝檢測管理標準和可容許誤差表

土建設施跟機電設備的細部檢測計畫

土木、機械、管線、電氣、儀控等空白檢查表

規畫品管文件編碼及歸檔方式

圖 9-2　擬定品質計畫書的程序。
（方偉光技師／製圖）

### 1. 擬定設計、製造、交運及安裝各階段品管程序與流程

正確的工作程序與流程是保障品質的第一步，一個有制度的公司，在其公司內部的 ISO 文件中，即應有公司內部各項工作的詳細流程圖，以明確建構各項工作的執行步驟、介面及權責。建廠工程專案亦然。由於建廠專案參與人員來自四面八方，包括不同的公司與單位共同組成，因此擬定建廠工程各階段各項必要的品管程序與流程非常重要。此程序與流程最好以方塊流程圖的方式表達，在流程圖中需明確定義工作先後次序關係及負責單位。

### 2. 詳讀規範並蒐集廠商設備安裝資料，擬定全廠土木建造及設備安裝檢測管理標準及可容許誤差表（Tolerances List）

一般業主在合約規範中，都會規定一般性的檢測標準，如鋼筋、模板、鋼構、泥作……，及一般機械設備如泵、風機、筒槽……等，對於特別的機電設備，則不一定會訂定，需依據專業廠商的安裝手冊來訂定。由於建廠工程是以安裝機電設備為主，許多設備的螺栓是固定在鋼構上，鋼構或設備的螺栓又是固定在土建的基礎版或牆面上，其間土建或鋼構誤差太大，會造成機電設備無法安裝，或即使可安裝，無法符合功能需求。因此在工程開始後，應先詳讀規範，同時並收集設備安裝資料，事先擬定全廠土木建造及設備安裝的施工品質管理標準及可容許誤差表，以便在工地施工時，易於判讀並掌控相關檢測結果。表 9-1 為施工品質管理標準（鋼筋工程）範例。

表 9-1　施工品質管理標準（鋼筋工程）範例

| 流程 | | 管理項目 | 管理值（修正處置範圍） | 權責區分 | | | | 查核該法 | | | 異常時之處理 | 備註 |
|---|---|---|---|---|---|---|---|---|---|---|---|---|
| | | | | A | B1 | B2 | C | 時機 | 測定及檢查方法 | 紀錄資料 | | |
| 計畫階段 | 計畫 | 了解工程設計圖說 | 編製施工要領 | | | △ | | 施工計畫及圖製作前 | 核定圖說及工程數量計算 | 釋疑紀錄 | 向設計單位反應 | |
| | | 製作施工計畫及圖說 | 承攬小包編製施工要領 | ◎ | ○ | △ | * | 施工前 | 完成之圖面應送交設計監造單位審核 | 施工計畫施工圖 | 檢討修訂 | |
| | | 制定品質管理辨法 | 掌握施工要點、檢查標準值之確認 | ◎ | △ | * | * | 施工前 | 工地主任與專業承包商決定 | 品管手冊 | 檢討修訂<br>退回不良品 | |
| 施工前準備階段 | 材料進場及檢驗 | 材料廠商資格審核 | 依合約規定資格 | ◎ | ○ | △ | * | 申購前 | 資料審查 | 覆丈 | 更換材料商 | |
| | | 外觀概略檢查 | 外觀狀況、標貼、形狀及尺寸 | ◎ | ○ | △ | * | 進場後 | 目視、測試尺 | 紀錄表 | 退貨更換 | |
| | | 鋼筋堆放狀況 | 分類以枕木墊放並覆蓋帆布 | | ○ | △ | | 進場後 | 目視 | 照片 | 改正 | |
| 施工後混凝土澆置前 | 加工 | 材料入場加工 | 依據施工要領及施工規範 | | ○ | ◇ | △ | 加工時 | 捲尺丈量、目視 | 自主檢查表 | 通知改正 | |
| | 清量檢修 | 多餘鋼筋清理 | 若放置於鷹架上需用錢絲固定 | | ○ | ◇ | △ | 組立後 | 目視 | 自主檢查表 | 通知改正 | |
| | | 水電配管後檢修 | 水電多餘材料清除 | | ○ | ◇ | △ | 水電配管後 | 目視 | 自主檢查表 | 通知改正 | |
| | 查驗 | 配筋總檢查 | 依施工圖 | ◎ | ○ | △ | * | 澆築前 | 目視、捲尺丈量 | 檢查表 | 通知改正 | |
| 備註 | 符號說明：<br>A：設計、監造者　◎：同意、抽驗<br>B1：品管工程師　*：會同<br>B2：主辦工程師　△：執行<br>C：協力專業廠商　◇：督導、自主檢查<br>○：查核、會簽 | | | | | | | | | | | |

（九碁工程技術顧問有限公司提供）

**3. 擬定土建設施建造與機電設備製造及安裝的細部檢測計畫（含應檢驗項目及檢驗停留點（Hold Point）**

除了訂定品管程序與流程外，在工程開始階段，先把全部工程相關的土建建造與機電設備之製造及安裝應檢驗項目及檢驗停留點（Hold Point）定義出來非常重要。由於各設備應檢驗項目及檢驗停留點應詳細列入與各分包商的合約中，因此在工程一開始階段，就應完成規畫，交給採購列入詢價及合約規範中，要求廠商依據此品質計畫進行。

**4. 擬定全廠土木、機械、管線、電氣、儀控等品管空白檢查表**

品管空白檢查表需在工地動工前完成，很多人認爲，品管空白檢查表由 ISO 既有表單中，或是先前他廠的表單中取用即可，似乎沒有什麼工作，但事實上不然。比較嚴謹及較有效率的作法是，其應完成的空白表單中，需將檢驗項目、地點、檢測標準或可容許誤差等，全部先予以註記。作法上，首先應依據規範規定的檢測頻率與檢測項目，將全廠在建造安裝過程中，應有的品管表單，分區、分種類全部先用資料庫的形式規畫出來（以 Excel 軟體規畫即可），例如說鋼筋每 20 噸或每次澆置前，至少檢查一次，全廠可以分區、分樓層先規畫出實際應完成數量的檢查表資料欄。又若全廠設備在放樣後以及安裝後需各檢查一次，全部若有 220 個設備，則可先規畫 440 個檢查表資料欄、每個資料欄都註記不同的分區，不同的設備種類及表單種類等。此規畫出的檢查表資料庫經顧問公司核准後，可以將檢查表資料庫中各資料欄位與品管空白表（通常以 Word 製作）連結，列印出來的空白檢查表除了日期欄位、檢查結果欄位以及簽名欄位空白外，其餘的檢查區域、檢查項目、檢查標準、表單編號、設備編號等都可以在表上列印出來。未來在工地使用檢查表單時，「一個蘿蔔一個坑」，在管控上很方便。像這樣先規畫資料庫，再列印文件的方式，就好像擁有郵遞地址資料庫，可以一次全部或分批印出郵遞標籤的概念，在建廠專案的文件管理上常常用到。

### 5. 規畫品管文件編碼及歸檔方式

在規畫品管空白檢查表的同時，該品管表單的文件編碼以及未來上架時的歸檔方式也應該在一開始時規畫好。原則上文件編碼內容應包括工程類別、檢查表類別、區域及流水號。當文件歸檔方式規畫好後，即可先將上述預先列印出來的空白檢查表先行歸檔，等待檢驗時取出填寫。

## 二、分包工程發包前應進行的品管程序

建廠統包工程會有許多分包，分包工程或是單一設備發包前應進行的品管程序，就是依據與業主的合約規範，擬定設備規格檢核表，要求競標廠商逐條確實檢核其設備是否符合規範。

建廠工程開工後，首要任務就是將重要設備盡快選商發小包，由於同一設備可能有許多不同的專業廠商，其設備規格不盡相同，因此事先依據與業主的規範，擬定設備規格檢核表要求競標廠商澄清及確認，非常重要。有時候，廠商會提出對於業主不合理的規範的質疑，此時應予評估，若確實如此，應向業主提出，要求進一步澄清。

## 三、分包工程發包後應進行的品管程序

### 設備製造品管文件

分包工程或設備發包後，督促製造廠商提送設備製造時程表、設備製造品質測試程序書（含材料檢驗項目）及功能測試程序書，是接著應進行的品管作業程序。

當工廠設備逐步發包後，負責品管的工程師即應開始要求廠商提交設備製造時程表、品質測試程序書以及功能測試程序書。一般而言，品質測試程序書以及功能測試程序書都應是工廠既有的品管文件。有些業主及顧問公司會要求審查這些文件，核可後才能開始進行功能測試。取得時程表的目的，主要是要安排至工廠進行品管檢測的時間，包括必要的材料採樣送檢、功能測試日期，以及交貨期確認。

## 四、分包工程設計及施工前應完成的品管作業

督促設計協力廠商提送設計品管程序書，協助整合標準圖框、圖層等設計標準，如果建廠統包商的工程範圍包括細部設計、甚至基本設計時，設計品管的規畫及監督也非常重要。一般建議整廠設計最好由一家公司進行，以減少介面。而設計工作有一定的程序，包括設計資料如何承接、設計結果如何查核等，都和設計品管有關，負責設計品管的主管都應該進一步了解。此外，爲了全廠圖說文件的一致性，以及團隊工作的方便性，全廠所有圖說應有一標準圖框，以及必要的圖層規畫。

在各分項工程施工前，品管負責人應督促建造及安裝廠商提送分項品質計畫書以及施工計畫書（Method Statement），通常兩者可以併在一起提送顧問公司審查後進行施作。對於需要吊車吊裝的設備，需特別檢核是否需預留吊裝開口（部分牆壁或樓板先不施作，待完成吊裝後才封口），此外，針對吊裝廠房鋼構及設備的先後次序、相對應的吊車以及其他工程車輛的行進動線，需事先擬定車輛動線計畫（Vehicle Flow Line），這些都應先予以整合規畫後，再由廠商提交其分項品質／施工計畫書。

## 五、至工地進行鑑界、點交、測量引測點或基準點

當工程開工，工地移交給建廠統包商後，整個移交程序與移交記錄非常重要，通常記錄中要包括工地範圍確認，必要的鑑界結果，業主設計圖說中的測量基準點確認等。這些基準點事涉未來廠房設備安裝位置高程的正確性，移交前必須予以驗證，移交後必須予以特別保護。同樣的道理，統包商發包給小包時，小包進場也是要進行測量引測點或基準點的點交。

# 第四節 設計階段的品質管理

工程開工後就立即進入設計階段，一般而言，建廠統包商的整廠設計工作，都是交由一家專業的顧問公司進行，部分系統設備則是整個系統交

由系統包商進行設計，統包商負責介面整合。設計階段的品質管理應有以下的檢核程序：

1. 設計是否依據設計程序進行？各項設備、風管、管線、電盤、電纜線架等外型圖及配置圖是否有專人套圖，以避免其相互干涉？
2. 完成後的計算書及設計圖是否有資深的工程師檢核？與相關領域關連的圖說是否有經小組會審檢核（Squad Check）？檢核是否確實進行？是否已包括設計的完整性及正確性？完成後送審的圖是否有經授權代表核准？
3. 施工前，相關的計算書、工程圖是否已送業主或業主代表（顧問公司）審查核可？業主前一次的審查意見是否已完全說明或修正？
4. 工地所據以施工的工程圖，是否在施工前一個月完成審查，並蓋上准予施工（For Construction）章後送工地？
5. 相關的圖說審查及版次是否有紀錄？是否有管控？上游的設計進行修正後，下游相關的設計是否跟著進一步修正？

## 第五節　製造階段的品質管理

在設備材料製造階段，工廠本身須進行一級品管，建廠統包商應派員至工廠進行二級品管，業主則依據品管紀錄及品管程序進行三級品管，相關品管查核包括：

### 一、製造是否依據程序設計

1. 定製品設計圖（含配置圖、外型圖、組立圖等）是否已送相關單位審查並核准？
2. 定製品在製造前是否已訂定應送檢材料與應檢驗項目？
3. 廠商是否已檢送製造品質測試程序書且已經核准？
4. 大宗材料是否有出廠證明？
5. 特別材料是否有抽樣檢驗檢驗報告，報告結果是否合格？

6. 製造成品是否安排出廠前功能測試（轉速、效率……）測試結果是否合格？

## 二、製造成品是否完整、是否正確

1. 產品出廠前，品管人員應至工廠進行廠驗，比對核准的製造圖，檢查設備的尺寸、外型、材質等，以及相關管嘴（Nozzle）、法蘭（Flange）以及附屬設備等是否完整、是否正確？
2. 對於具有功能要求的設備，還應進行功能測試。不同的設備，有不同的功能測試。例如泵及風機應根據其功能曲線圖，驗證其不同壓力下的出水量（或出風量）是否如功能曲線圖所示。其最大值的出水量（或出風量）是否能達成？功能測試應依據核准的功能測試程序書進行，必要時應邀請業主見證。

# 第六節　交運階段的品質管理

設備交運階段的品質管理主要在確保交運品的數量是否正確，交運期間是否有破損，查核的要點包括：

## 一、設備交運是否依據程序進行

1. 交運前是否已通知相關人員並取得交運許可？
2. 每一個交運環節是否有數量檢核及簽收？
3. 運至工地進行開箱檢查時，是否核對貨運清單？是否對其內容及數量作核對？

## 二、交運內容是否完整？是否正確？

設備運至工地後，應盡快安排開箱檢驗，針對貨運清單（Packing List）及相關的製造圖、零件圖與箱內零件進行比對。若有任何短缺，應立即通知原廠補充。必要時，開箱檢驗應邀請業主代表參加。

# 第七節　建造安裝階段的品質管理

建造安裝階段的品管作業，是整個建廠工程品管作業最核心的部分，內容包括土建施作及機電安裝，以及安裝後的試車作業。

## 一、建造安裝是否依據程序進行？

1. 建造安裝前，是否所有的施工圖說已齊備，並已取得核可？是否已送施工計畫（Method Statement）送業主／顧問公司核可？所使用的材料，是否已送型錄甚至樣品給業主／顧問公司核可（圖 9-3、圖 9-4）？
2. 安裝過程中，無論是土建或機電工程，所有放樣是否都經過複測？是否已在品管表單上簽名？施工計畫或者細部安裝檢測計畫所述及的檢驗停留點，是否均邀請業主／顧問公司至現場見證檢驗結果？
3. 所有施工後不可逆以及完成後成為隱蔽物的工作，都應該通知業主／顧問公司至現場查核見證，如混凝土澆置就屬其中重點。由於建廠工程的混凝土中機械及電氣的預埋管線很多，因此混凝土澆置時應該設計一個混凝土澆置檢核表，檢核表中應註記預埋管編號，其預埋位置，及相關機電人員簽名欄位。工地經理需確認相關檢核都確實完成後，才簽名將此檢核表及混凝土澆置工令交付執行。
4. 各個安裝介面（如土木工作完成交給鋼構安裝，鋼構安裝後繼續設備安裝……）是否有交接記錄？交接記錄中是否載明可容許誤差（Tolerance）、實際誤差以及雙方簽字同意移交之記錄？

## 二、建造安裝內容是否完整？是否正確？

由於各項品管事項各有許多注意事項，以下僅舉其例：

### (一)使用之材料及使用方法是否正確？

1. 進場材料需進行開箱檢驗，並比對製造圖，在安裝前提醒工程師是否已先了解整個設備材料？

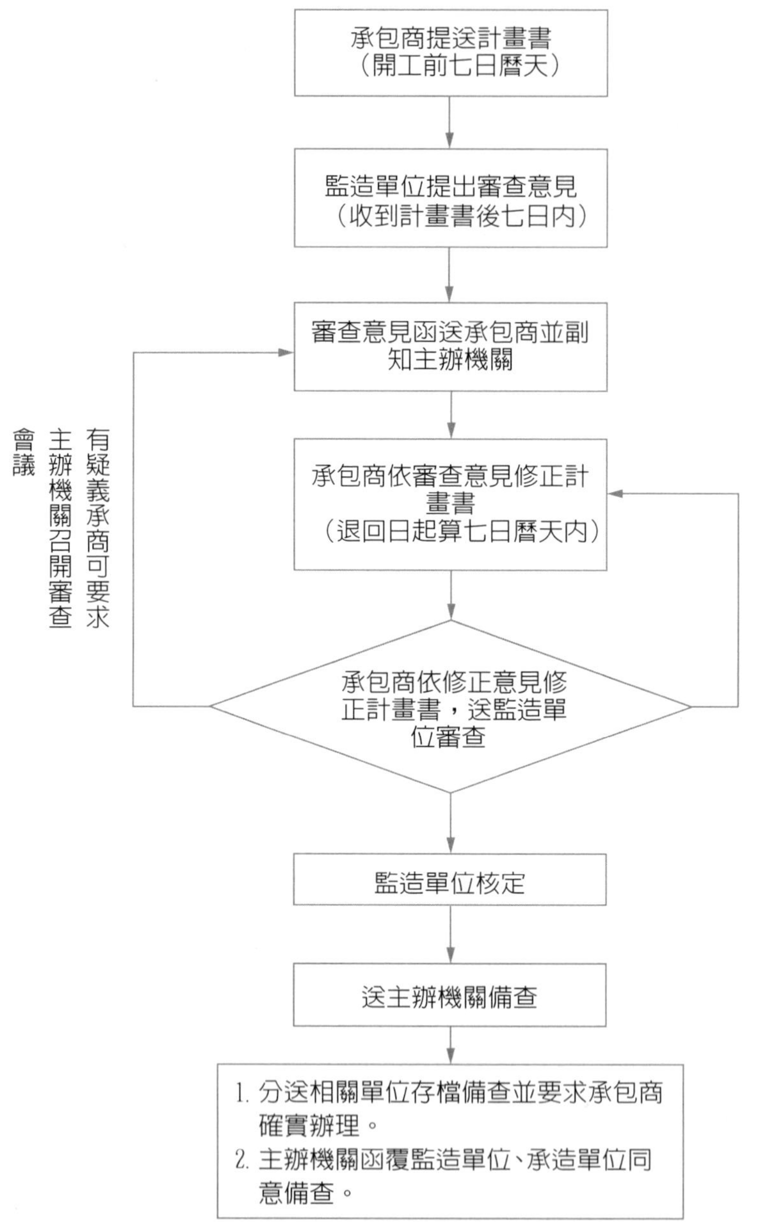


圖 9-3　材料送審程序。
（九碁工程技術顧問有限公司提供）

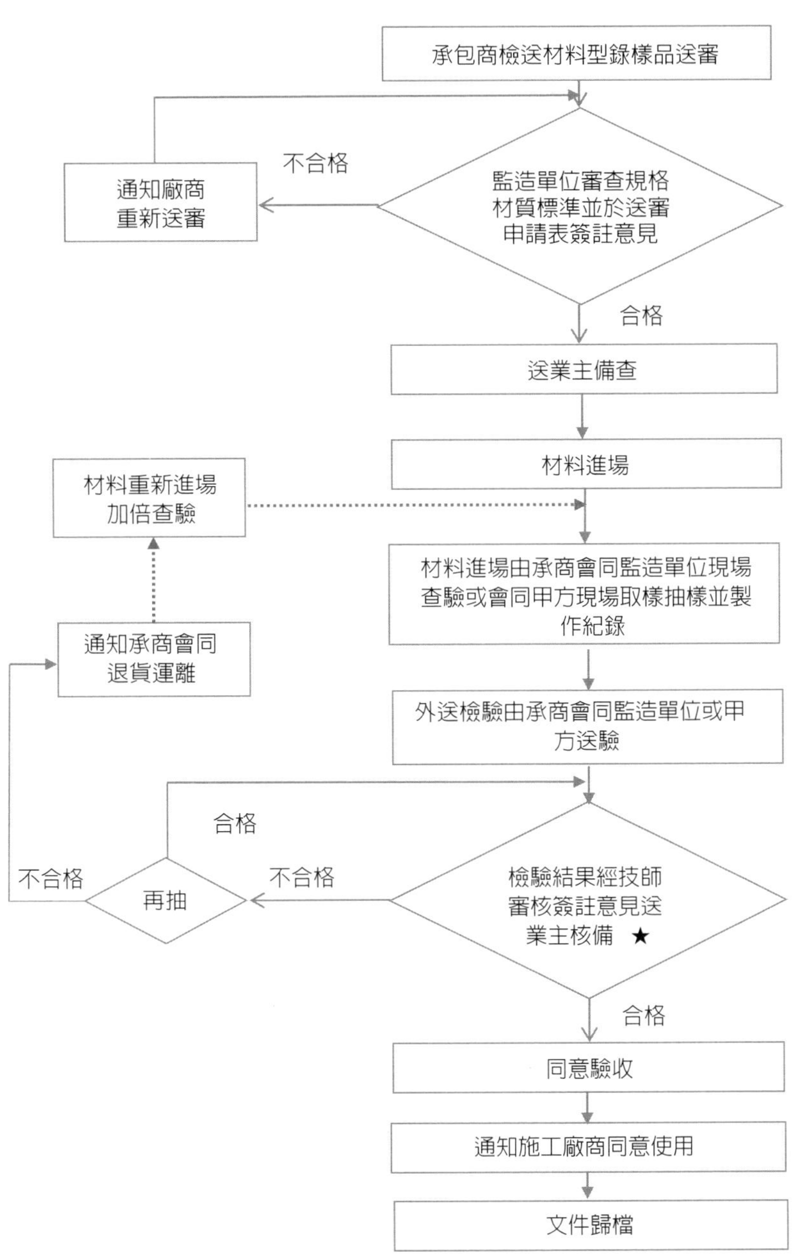


圖 9-4　材料送審程序。
（九碁工程技術顧問有限公司提供）

2. 焊工使用之焊條是否有不定期抽驗？焊工在工作時，焊條是否有保溫？
3. 管線材料種類眾多，很多外型近似，但等級（Rating）不同，或者規範相異（如 DIN 德國規範和 JIS 日本規範即不同），是否已提醒材料庫房管理員及工程師？
4. 清水模板施作前是否已確實上油？否則拆模後牆面不會光滑。

## ㈡施作的工人是否合格？

焊工、水電工、吊車駕駛、吊重指揮員、重機械駕駛依據法令都有相關執照，尤其焊工執照還有期限規定，過期的執照應在工地安排考試，通過測試，確認技術後才能在工地工作。大型工地，尤其高壓水管及蒸汽管線者，焊接工作要求很嚴格，此時可以用臂章來區隔焊工是否有資格焊接管線，沒有臂章的焊工，只能焊接管架及支撐，不能焊接管材。

## ㈢使用的儀器是否正確？

廠商所使用的測量儀器需定期送度量衡檢測單位校正，其校正記錄應予以歸檔管制。

## ㈣使用的圖說是否正確？

1. 是否有專人管制最新版圖說？
2. 已送施工廠商據以施工的施工圖，若有修訂版本出版時，是否及時通知廠商，並將舊圖回收？
3. 隨時查核工人正在施工所使用的圖說，是否有核准施工章（For Construction）？是否爲最新版本？

## ㈤使用的施工安裝設備是否正確？

1. 大型設備在安裝時，需使用吊車。是否在選用吊車時，已參考設備重量，吊車位置以及安裝位置等，依據吊車的吊重功能圖，選用適當的吊車？

2. 安裝所需的臨時電盤，是否已安裝漏電斷路器，以避免漏電產生的電擊危險？

### ㈥安裝結果是否正確？

1. 對於重要的管線焊接（尤其是高溫高壓管線），是否有適當的非破壞檢驗進行驗證？
2. 對於因設備、管線熱膨脹，而必須保留的空隙或滑動導槽是否已確實的保留與安裝？
3. 對於安裝圖上標示的螺栓扭力需求，是否以特殊的扭力扳手，設定其扭力後予以安裝？
4. 對於筒槽、熱交換器等，是否在安裝前特別檢核其管嘴方向是否正確？
5. 對於轉動設備，安裝後是否依據安裝需求，進行對心（Centering, Shaft alignmcnt）？
6. 檢核設備安裝時，是否已核對相關的安裝圖說？其中設備應核對其組立圖（Assembly Drawing）、配置圖（Arrangement Drawing）；管線應核對其管線立體圖（Isometric Drawing）；電氣配線應核對其配置圖、電線電纜計畫表（Conduit & Cable Schedule）及配線與端子連接表（Wiring Connection List）；儀表應核對儀表安裝圖（Hook Up Drawing）。

## 第八節　品質紀錄的檔案管理

品質記錄的檔案管理，也是品管很重要的工作（圖 9-5）。一般而言，所有的建廠工程品管文件，在工地動工時就應該規畫好，包括其應涵蓋的種類，項目以及歸檔方式。

由於建廠品管表單的種類少則十數種，多則數十種，而其數量更可達數百、數千甚至萬餘張，如果要逐一給予歸檔號碼，歸檔後並逐一編制

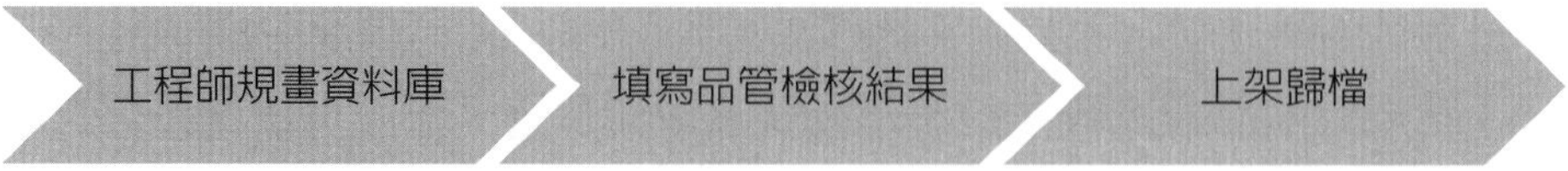

圖 9-5　品質紀錄的檔案管理程序。
（方偉光技師／製圖）

索引，不僅耗時費力，更有可能因祕書不懂工程用語而出錯，因此檔案管理應由工程師先規畫資料庫，再以列印郵遞標籤的觀念，一次列印出所有空白品管文件。其後工程師負責填寫品管檢核結果，交給祕書依據歸檔編碼上架歸檔，不僅省時省力，還可減少錯誤。同樣的概念，亦可以用到查驗申請流程上。一般建廠統包商在完成一級、以及二級品管後，會向顧問公司或業主代表申請查驗以進行第三級品管（圖 9-6）。通常查驗申請需繕打查驗申請單，檢附三級品管空白表單以及二級自主品管結果送顧問公司。品管主管還需追蹤品管表格的送審流程，將查驗結果及歸檔情形列管。以上所有的工作，其實可以用一個查驗資料庫管理來涵蓋，品管主管及品管祕書只要隨時更新查驗資料庫內的資料，查驗申請單不需另行繕打，直接由 Word 文件連結 Excel 資料庫即可隨時列印。

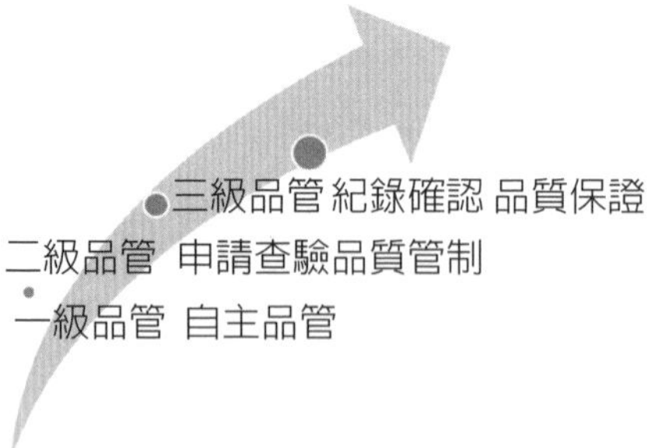

圖 9-6　三級品管程序。
（方偉光技師／製圖）

當所有查驗申請都納入資料庫管理後，依據資料庫的篩選、排序等功能，相關的統計分析亦可以很輕易的進行，如申請次數、查驗合格比例，哪幾位工程師不合格比例偏高……等，都可以隨時分析並呈報給管理階層參考。

由以上資料庫管理結合郵遞標籤列印的觀念來進行品管文件的製作、列印以及歸檔，是品管記錄檔案管理的有效工具。

## 第九節　品質管理的心法

由以上所述之建廠工程品質管理各要項，可以歸納出品質管理的心法：

**1. 品質是每一個人的責任，要靠領導階層的堅持來貫徹**

自有 ISO9000，9001 以來，「品質是每一個人的責任」，「品管政策要能貫徹，需要靠領導階層的堅持才能達成」這些觀念已耳熟能詳，但卻未必能實踐。因此當建廠工程品質出現問題時，第一個要反省的就是工地經理以及公司高層主管，是否在品管環節的堅持及監督上又鬆懈了。此外，參與專案的每一個人都要有正確的觀念，品管部門只負責「品管複核」以及「品管行政」，而品管的要求與落實是每一個人責無旁貸的義務。

**2. 品管程序比實質結果還重要**

在法律上有個觀念「程序正義」是「實質正義」的先決條件，意思是說未按照程序去進行的任何執行手段，即使是爲了達到「正義」的目的，也是不被允許的。這個觀念應用在品管上也同樣適用。其道理很簡單，因爲程序是各個分解步驟所組成的環節，也是法令上或合約上大家公認應採行的步驟，若參與專案的每一個人，都依據程序執行，表示這些程序環節都有跡可尋，隨時可以進行品管檢核，若有重大品管問題發生時，亦有紀錄可以追溯原因。反之，若未遵守程序正義原則，直接跳過該有的步驟，即使其可以達到品質上的標準，只能視爲一個偶然合格的單一事件，但仍然應視爲不符合品管／品保程序。

**3. 以組織間的分工、制衡來控制品質**

建廠工程組織之間，彼此有分工的關係，也有制衡的關係，若在建廠組織的架構上去規畫其相互分工及制衡的關係，可以控制彼此之間的品質。

舉例而言，設計圖若表達不完整，甚至不正確，會影響到施工的進度及品質。因此若能及早選定監造及施工負責人員，在設計階段就派駐設計單位討論並檢核設計圖，可以避免設計圖送到工地後，才發現仍有許多疑點要澄清，或者許多地方在現場實務上很難施作，又要送回設計單位重新檢討的情形發生。另外一個例子就是工程介面的交接。建廠工程許多地方是土木工程完工後交給鋼構工程，鋼構工程完工後交給設備安裝。在每一個工程介面交接時，都應有交接及檢核紀錄，以確認每一階段的工作，都可以符合品質要求，確保最後的安裝及試車沒有問題。由於各組織間的關係又是分工，又有工作交接責任的制衡關係，因此只要掌握住交接程序有確實執行，即可掌控品質。

**4. 以適當的品管程序來保證品質**

品質保證是由一連串的品管檢核程序來達成的，每一個品管程序，都應有其管制的目的，因此要控制品質，首先在程序上就要控制。例如廠房在澆置混凝土前，除了要檢核鋼筋及模板是否依圖施工外，還應有機電工程師檢核該有的預埋件是否已施作完成。因此在程序上就應該有一個混凝土澆置檢核表，由相關土建及機電負責人簽名確認後，才能叫料開始澆置。

然而，過度的程序常常會耗費無謂的時間及成本，因此所有的程序，均應由品管經理或控制經理擬定初稿，經過各部門討論達成共識後據以施行。所有的程序一旦經核准施行後，所有的人都必須確實遵守。

**5. 事先周延的計畫以避免遺漏**

由於一個建廠工程的完成，初期的規畫可能只有數人參與，但工作展開時，可能會有上百人、甚至上千上萬人的參與才能完成，雖然每一個人各司其職，但並不表示每一個人都了解到每一個品管細節。因此在工程開始的規畫階段，由品管經理或資深的工程師，先把所有的品質標準、檢查項目、應參與單位等先規畫好，讓其後參與的人得以遵循。例如事先準備的品管檢核表單，不只應標示檢核事項，所有檢核的標準都應事先標示在表單中並列印出來，可以讓執行的人有所憑據，也可以避免遺漏。

**6. 以資料庫模式進行管理，將所有品管表單留下作紀錄並做適當統計**

建廠工程的品管工作非常繁瑣，因此，若要鉅細靡遺的進行品管工作，見樹又見林，唯有將所有品管資料納入資料庫的模式中予以掌控，才能見其成效。此外，事先規畫好的品管空白表單，應隨工程進度陸續發出進行查驗，完成後並將查驗記錄陸續回收歸檔。若有不合格處應在改正後重新進行。在此過程中應作適當的統計，才能發現是否有重複性發生的異常處，或者異常行為需要特別矯正。

## 第十節　結論

建廠工程的品質管理工作要能作的好，除了參與工程的每一個人都有責任外，領導階層的觀念以及管理也非常重要，有正確的觀念，才能確保整體進行的方向是正確的，而適當的管理則能增加工作效率並減少錯誤，最後才能順利達到建廠完成的目標。

## 問題與討論

1. 什麼是三級品管制度？
2. 工程分包發包前，有哪些品管作業程序應注意？
3. 工程分包發包後，有哪些品管作業應進行？
4. 現場工地點交時，為什麼需要點交測量基準點？
5. 能否簡述製造階段的品質管理有哪些？
6. 請簡述建造安裝階段的品質管理程序有哪些？
7. 為什麼程序正義比實質正義重要？這個觀念應用在品質管理上，該怎麼實踐？

# 第十章
# 建廠專案文件資料及圖說管理

## 重點摘要

由於建廠工程是集合了不同專業，不同工種的工程師們共同合作才能完成，而工程師們彼此間共同的語言就是工程圖與計畫書等文件，因此如何管理工程圖以及相關文件，在建廠過程中非常重要。本章以較廣義的文件資料及圖說為管理目標來作介紹，亦即不只工程圖說，包括建廠文件資料流通以及電子檔案管理等，都在本章的討論範圍內。

## 第一節　建廠工程文件、資訊及圖說的種類

建廠工程專案在執行過程中，會產生少則數千，多則數以萬計的文件、資料及圖說，以汗牛充棟來形容絕對不會過分（圖 10-1）。一般大約可以分成以下幾項：

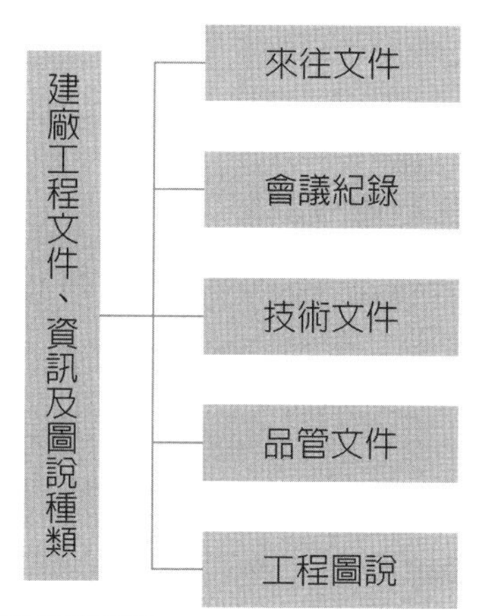


圖 10-1　建廠工程文件資訊及圖說種類。
（方偉光技師／製圖）

以下對各種文件的分類作說明：

**1. 來往文件（Correspondence）**

在建廠過程期間，建廠統包商和業主之間會互相發文（Letter）或發傳眞（Facsimile）以討論某些議題，另外建廠統包商在提交文件或圖說送審時，在送審圖件的首頁會檢附一張送件函（Transmittal），列出所有檢附的圖件清單。這些收發文、傳眞及送件函等都稱之爲來往文件（Correspondence）。有時候，往來的電子郵件 E-mail 也包括在內，需列入管理。

**2. 會議紀錄（Meeting Minute）**

至於會議紀錄則包括所有專案對內對外的會議紀錄，主要包括建廠團隊內部以及與業主、顧問公司及相關協力廠商的定期與不定期會議。此外，電話紀錄及內部通告、內部備忘錄等，也歸屬在這一類。

**3. 技術文件（Technical Document）**

技術文件內容包括廣泛，包括建廠相關的程序書、計畫書、報告、手冊、說明書、時程表、清單、一覽表、型錄……等都是。由於提供或製作技術文件的單位可能爲建廠統包商、安裝協力廠商或設備製造廠等，爲求整個建廠文件外觀及編碼能統一，因此通常技術文件在交給業主或顧問公司審查時，都會經建廠統包商整合，換上標準封面並標註文件編碼，以及分送紀錄後才送審或歸檔。

**4. 品管文件（QC Document）**

品管文件也可以算是技術文件的一種，單獨列出來是表示他的重要性與獨特性，其原因是因爲品管文件通常是向業主請款需檢附的要件之一。品管文件包括品保文件，工廠品管文件以及工地現場品管文件。其中品保文件包括程序書、計畫書、保證書等。工廠品管文件通常以報告方式呈送，兩者都是以文件編碼歸檔。而工地現場品管文件則大部分是一張張的工地品管檢驗表單，歸檔時需按照表單類別及區域排序歸檔。有時候，業主不放心製作工廠的品管程序及結果報告，或者工廠在海外，業主或顧問公司無法會驗，因此還會請一家第三公證公司進行工廠品管檢驗。其結果報告並不經過建廠統包商整合，而是正本直接呈給業主，副本則給統包商，此類文件亦依據文件編碼歸檔。

**5.工程圖說（Engineering Drawing）**

工程圖說則包括所有建廠所需的土建及機電圖說，從概念設計、基本設計、細部設計到製造圖等都涵蓋在內，工程圖說以工程圖編號歸檔。有些建廠專案為了圖說歸檔上架以及使用上的方便，會將相關圖說彙整成冊，加上封面後，當成技術文件來管理使用，此時則以文件編碼歸檔。

## 第二節 建廠工程文件資料及圖說管理要項與心法

由於建廠工程的資料、圖說與文件的數量很大，因此需藉助電腦來管理。而在使用電腦來管理，必須兼顧以下要項，才能完全掌握整個文件資料及圖說的管理工作。

**1.單一窗口處理並確定處理程序**

文件資料及圖說由於有收、發及版本更新等問題，因此必須有一個單一窗口做收發以及登錄的工作。此外，為了釐清相關權責關係，所有相關文件處理程序必須明確化，包括收文的分發，登錄、處理、歸檔，和發文的擬稿、核決、登錄、歸檔；以及圖說文件的送審、登錄、歸檔等，都應有明確的流程圖規定處理程序及相關負責人。

此外，許多設計圖件在送業主／顧問公司審查前，是屬於內部文件，相關內部文件的流通、進版、傳閱以及修訂等，也都應確定處理程序，並作必要的登錄。

**2.每一份文件資料及圖說都需要登錄**

確定收、發文的單一窗口後，所有的收發文都需做登錄的工作。登錄的目的在於登記收發文時間、主旨、發文者，應負責處理單位，同時並應註記歸檔上架的號碼，以便查詢時，可藉由電腦快速查出其相關資訊及歸檔位置。

**3. 文件、資料及圖說以分類號及流水號歸檔上架**

文件、資料及圖說經過登錄後，原稿需歸檔。歸檔後的文件，若日後查詢時要能順利取得，有兩項重點必須掌握。一個是事先規畫適當的檔案分類架構（File Breakdown Structure, FBS）。一個是檔案歸檔前，即已註記並登錄其 FBS 分類號及流水號（Series Number），而祕書則依據此檔號確實歸檔。

**4. 登錄檔案應開放以供查詢**

整個文件、資料及圖說登錄在電腦內時，應置於網路檔案伺服器中（File Server），以方便所有人員查詢。爲了避免資料被使用者有意或無意間篡改，登錄檔案應設定密碼，檔案只能唯讀，有密碼者才能修改。

**5. 圖說文件製作軟體應統一標準**

圖說文件除了本文檔案管理非常重要外，電子檔的管理也很重要。爲了能順利處理或開啓每一個協力商繪製的工程圖或報告，建廠統包商必須訂定圖說文件製作軟體的統一標準。其中工程圖繪圖軟體還涉及到圖層圖框設定、甚至包括顏色及字型等格式設定都需有協議，如此在整個專案執行過程中，資料交換才不會碰到瓶頸，相互合作也才能順暢。

**6. 文件資料應重視保全**

建廠文件資料及圖說取閱及使用越方便，越有利於工程師執行相關工作，但相對而言，對於資料保全，甚至保密越難掌控。因此在程序上以及硬體上作相關規定與設定是必要的工作。

## 第三節　專案文件傳遞及管理流程

依據上述的管理要項與心法，整個專案文件的處理流程如次頁圖 10-2。通常文件管理的單一窗口是專案祕書，專案祕書負責整個文件、資料及圖說的收、發以及登錄、影印、分發等工作。大型建廠專案此類工作

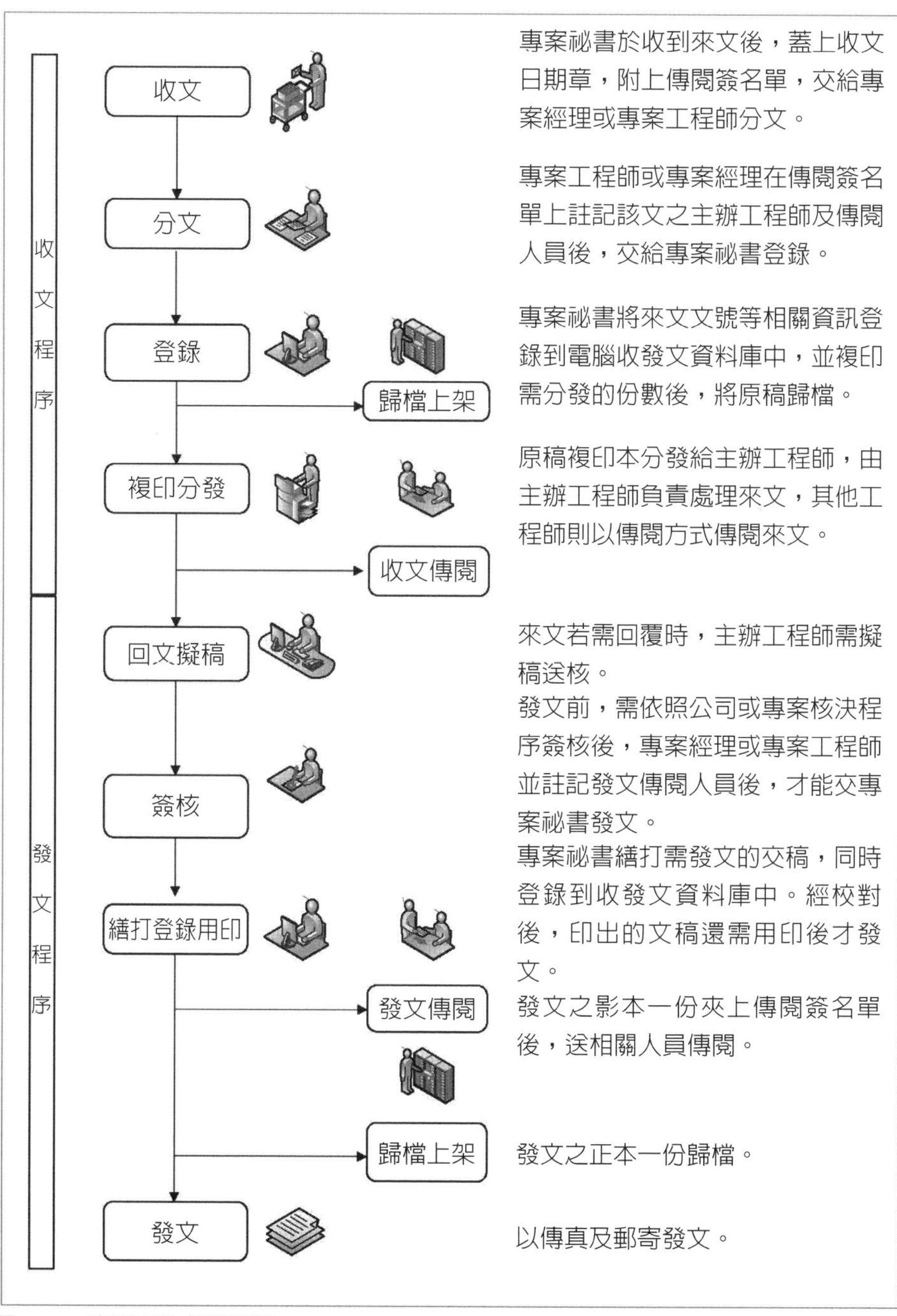


圖 10-2　專案文件處理流程。

（方偉光技師／製圖）

繁重時，甚至需要兩位至三位祕書負責。而建廠過程中，專案辦公室若和工地辦公室設置於不同兩地時，兩邊應各自獨立設置說文件處理的單一窗口。

## 第四節　專案圖說文件的檔案架構

建廠工程專案一開始的時候，就應立即規畫圖說文件的檔案架構（File Breakdown Structure），此檔案架構應視建廠工程專案性質，訂定的越明確越好。不同的建廠工程專案，其檔案架構類似，但細目則會不一樣。圖 10-2 爲建廠工程專案的檔案架構範例，其架構中的各檔案分類編碼即爲檔案分類號，可以供參考。圖 10-2 的檔案架構有兩個原則需把握，一個是要同時應用於專案電腦主機內的檔案架構以及實際檔案櫃書架上的檔案架構，亦即編碼需應用在書架上的卷宗夾（File holder）以及電腦主機內的目錄（Directory folder）上，另一個是架構需保留增加編碼的彈性。

當檔案架構確定後，應即刻開始進行以下事項：

1. **依據檔案架構，規畫專案辦公室及工地辦公室的所有書架及卷宗夾**

由於檔案大都以卷宗夾保存，因此檔案架構規畫最好與卷宗夾相呼應。亦即檔案架構中的編碼就已涵蓋了卷宗夾的編碼。因此檔案架構確定後，所有不同編碼類別的空白卷宗夾都可以製作書背標籤，並依編碼順序置放在書架上。以此作法宣示整個檔案管理規畫就緒，開始進入執行階段。

2. **依據檔案架構繼續規畫文件編碼**

檔案架構確定後，所有專案文件、資料及圖說的編碼，應依據檔案架構繼續發展，同時並應設定文件、資料及圖說的封面（Cover Page）、頁尾（Footer）標註或圖框標準，並規定所有文件圖說的產出者能註記所有相關文件的編碼（編碼方式參閱下節），以方便以後的歸檔上架及檔案管理。

**3.公布檔案分類號，供專案各部門遵循**

圖說及文件等檔案的編碼時機有兩個，一個是該文件產出時，即已依據該文件分類號加上流水號予以編定，另一個則是由協力廠商提供的文件送至建廠專案後，若有歸檔或送審必要時，另在文件前附加一個標準封面並給予文件編碼。前者可以省下許多流程，因此可能的話，應規畫各部門領用專屬的分類號，自行定流水號，作為該部門產出文件的編碼（圖 10-3）。

## 第五節　圖說文件編碼與圖號編定

檔案架構規畫完成後，接著就是規畫圖說文件編碼，圖說文件編碼的目的在於給每一份圖說文件一個唯一的辨識身分號碼，以方便電腦登錄以及歸檔上架。有關圖說文件編碼，每個公司或大型專案都有一定的編碼原則，各有巧妙不同，以下則介紹某專案文件資料及圖說的編碼範例：

### 一、來往文件（Correspondence）

來往文件編碼範例如下：

AAAA-YY-XXX

1. AAAA 為檔案分類號（亦為卷宗夾號碼），共四碼，此四碼可自行規畫相關號碼代表收文、發文、以及收發文對象。
2. YY 代表年分。由於大型專案常常 3、5 年還不能完成，三碼流水號可能不夠用，因此大型專案會增加此年分註記。另外，很多公司會一次執行很多專案，因此檔案分類號之前可能還需再標記專案編號。
3. XXX 為流水號，自 001～999。

### 二、會議紀錄（Meeting Minute）

會議紀錄編碼範例如下：

AAAA-XXX

A 行政管理及會計 Administration & Accounting
A000 行政管理及會計程序書與管理表單
A100 人事資料
A200 請款單及發票（月報告）
A300 稅務資料
A400 往來銀行資料
A500 會計報告
A600 保險資料
A700 庶務資料

C 來往文件及會議紀錄 Correspondence & Minute of Meeting
C000 來往文件程序書與管理表單
C100 來文-不分類
C110 來文-業主
C120 來文-顧問公司
C121 來文（送件函）-顧問公司
C130 來文-政府主管機關
C140 來文-協力廠商
C200 發文-不分類
C210 發文-業主
C220 發文-顧問公司
C221 發文（送件函）-顧問公司
C230 發文-政府主管機關
C240 發文-協力廠商
C300 專案內部備忘錄
C410 會議紀錄-與業主及顧問公司
C420 會議紀錄-與協力廠商
C430 會議紀錄-專案內部

D 交貨運輸 Delivery & Transportation
D000 交貨運輸程序書與管理表單
D100 進出口許可
D200 國內運輸通知
D300 國外運輸通知/船運文件
D310 貨運清單(Packing List)

E 工程設計 Engineering
E000 工程設計程序書與管理表單
E100 概念設計及基本設計
E200 程序設計
E300 土木及建築設計
E400 機械設備設計
E500 管線細部設計
E600 電氣設計
E700 儀控設計
E800 保溫及油漆設計
E900 專業技師簽證紀錄

G 合約規範及標準 General Contract, Specification
G000 合約規範及標準管理表單
G100 業主合約
G200 協力廠商合約
G210 訂貨單（小額材料設備）
G300 契約員工合約
G400 本專案適用之公司標準及程序書
G500 本專案適用之國家標準
G600 本專案適用之國際標準

H 工安保全衛生 Healthy, Security, & Environment
H000 工安保全衛生程序書與管理表單
H100 工安法規標準及相關證照
H200 工安每日巡檢紀錄
H210 每日工具箱會議紀錄
H300 勞工個人資料紀錄
H400 意外事件報告
H500 危險工作場所申請
H600 危險性設備檢查申請
H700 環境品質監測報告

M 採購及製造 Manufacture & Subcontracting
M000 採購及製造程序書與管理表單
M100 協力廠商基本資料
M200 採購發包紀錄
M300 廠商製造紀錄

O 操作維修手冊 Operation & Maintenance Manual
O000 操作維修手冊製作程序書與管理表單
O100 整廠操作說明
O200 機械設備操作及保養說明
O300 電氣設備操作及保養說明
O400 儀控設備操作及保養說明
O500 設備清單、備品清單、潤滑油品清單
O600 設備材料保證書

P 專案管理及控制 Project Management and Control
P000 專案管理及控制計畫書程序書與管理表單
P100 專案組織
P200 專案報告-一般報告
P210 週進度報告
P220 月進度報告
P300 時程控制
P310 三月及三週進度表
P320 協力廠商時程表
P400 預算控制
P410 每月預算執行報告
P500 檔案控制
P510 圖說資料及文件清單
P600 差勤管制
P601 工時紀錄
P610 出差報告

Q 品管品保 Quality Control & Quality assurance
Q000 品管品保計畫書程序書與管理表單
Q100 工廠品管報告
Q200 第三公證公司品管報告
Q300 工地品管檢查申請書
Q400 工地土建建造品管紀錄
Q500 工地機械安裝品管紀錄
Q600 工地儀電安裝品管紀錄
Q700 不符合品報告（NCR）及追蹤

R 工地紀錄 Record of Construction
R000 工地紀錄程序書與管理表單
R100 施工日誌
R200 工地照片
R300 工地錄影

S 工地建造管理 Site Construction Management
S000 工地建造管理程序書與管理表單
S100 工地鑽探、測量及環境背景資料
S200 全廠施工計畫
S300 工地假設工程設施計畫及開工資料
S400 分項施工計畫書與程序書
S410 土建施工計畫書
S411 鋼筋料單
S412 混凝土澆置計畫及申請書
S420 機械安裝計畫書
S430 儀電安裝計畫書
S500 廠商安裝手冊與安裝說明書
S600 用水、用電、通訊申請

T 試車、驗收及移交 Try Run & Take over
T000 試車驗收程序書與管理表單
T100 試車計畫書
T200 試車紀錄
T300 驗收及移交計畫書
T400 驗收及移交紀錄
T401 全廠需移交之設備證照及操作營運許可
T500 訓練計畫及紀錄
T600 移交前維修計畫及紀錄

W 材料及倉庫管理 Warehouse management & Material Control
W000 材料倉管程序書與管理表單
W100 開箱檢驗紀錄
W200 材料收受紀錄（含貨運清單）
W300 材料點交紀錄
W400 材料盤點紀錄
W500 材料倉管異常報告

註： 檔案分類號爲四碼，第一碼爲英文字母，代表大分類，2~4碼爲阿拉伯數字，代表分類細目，各部門可以依據檔案分類號增訂程序之規定，彈性擴編檔案分類號。

圖 10-3 建廠工程檔案架構及檔案分類碼範例。

（九碁工程技術顧問有限公司提供）

1. AAAA 爲檔案分類號（亦爲卷宗夾號碼），共四碼，此四碼可自行規畫相關號碼代表不同的會議紀錄、備忘錄或電話紀錄等。
2. XXX 爲流水號，自 001～999。

## 三、技術文件（Technical Document）

技術文件編碼範例如下：

AAAA-XXX

1. AAAA 爲檔案分類號（亦爲卷宗夾號碼），共四碼，此四碼可自行規畫相關號碼代表不同的程序書、計畫書、報告、手冊、說明書、時程表、清單、一覽表、型錄及整冊圖說等。
2. XXX 爲流水號，自 001～999。

## 四、品管文件（QC Document）

品管文件編碼範例如下：

AAAA-CCC-XXX

1. AAAA 爲檔案分類號（亦爲卷宗夾號碼），共四碼，此四碼可自行規畫相關號碼代表不同專業分工或系統的品管程序書、品管計畫書、查驗申請單、檢驗報告等。
2. CCC 爲建築物編號及樓層區位。中小型專案可以省略。
3. XXX 爲流水號，自 001～999。

## 五、工程圖說（Engineering Drawing）

工程圖說的編碼比較複雜，一般至少有以下資訊需納入圖說中：

ZZZZ-BBB-CCC-DD-XXX

1. ZZZZ 表示專案編號，共四碼（工程圖說保存期較久，爲區別各不同的專案，因此圖說常需加入此碼。）
2. BBB 表示圖說產出者（各部門或協力廠商）編號，共三碼。可以規定阿拉伯數字爲專案各部門，英文字母爲協力廠商。

3. CCC 爲圖說標的類別（若爲製造圖或外型圖爲該設備類別，若爲建築圖或配置圖則爲建築物編號及樓層區位），共三碼。

4. DD 爲圖說類別（如 PI 圖、製造圖或建築圖……）編號，共兩碼。

5. XXX 爲圖說流水號（或設備編號，由圖說產出者自訂）爲阿拉伯數字共三碼。

另因許多工程圖說是由協力廠商製作，因此在與廠商進行開工會議時，即需規定其使用標準的工程圖的圖框，以及圖號。此外所有工程圖產出後，若需裝訂成冊送審或歸檔，可以將此圖說視爲技術文件，另依技術文件編碼原則，定一個技術文件編號，更有利於檔案管理。

整個文件資料及圖說管理架構介紹完後，以下繼續介紹圖說文件管理相關細節。

## 第六節　來往文件的收文、發文、登錄、上架與分送管理

來往文件在收發處收文後，應立即蓋上附有日期的收文章後，送給專案經理或專案工程師分文，指定負責此文處理的工程師，然後即應給專案祕書登錄在電腦中。登錄作業所使用的軟體一般可使用 Excel 試算表，當文件相關資料登錄後，利用軟體搜尋及篩選等功能，很容易可以以文號、主旨關鍵字或日期等找到所要找的文。

此外，在程序上當發文給其他單位時，應盡可能的專人遞送並請收文單位簽收，或掛號寄件，以確認發文沒有遺漏。

文件的登錄還有四個要訣如下：

**1. 需註記歸檔分類號及流水號**

文件登錄時，有些發文單位無法要求約定的文件編碼，亦即文號中沒有分類號及流水號，此時應由祕書在文件上註記分類號及流水號後予以登錄，並依此分類號及流水號歸檔上架。如此才能將電腦登錄的檔案檢索結

果，與歸檔上架後的檔案連結在一起。

**2. 需註記關聯收發文號**

一般收文或發文，除了首次討論某議題外，通常都會關聯到其他的收文或發文。因此在登錄時，還應將此文的文號登錄到其相關聯的收文或發文的資料欄中。如此一來，任何時間查詢某收文或發文時，都可以知道此文是否有相關收文或回覆的發文。

**3. 發文登錄可以直接轉成發文**

一般在發文時，都是由專案祕書繕打相關內容，如果發文後還需再一次登錄到資料庫時，變成重複工作。因此建議繕打發文稿時，直接將發文內容打在 Excel 的收發文資料庫欄位中，再用 Word 合併列印的功能，將相關欄位的資料轉至 Word 的發文稿格式中列印出來，如此不但節省登錄繕打時間，還可以保證資料庫檢索的內容和發文函文的內容是完全一致的。

**4. 文件登錄所用的收發文資料應置於網路伺服器**

有關收發文的查詢和許多工程師都有關係，因此收發文登錄後的結果應放在專案內部網路上供大家查閱。

來往文件登錄後，即應依據來往文件所屬的分類號及其流水號將原稿歸檔上架。同時複印若干份，其中一份傳閱（Circulation），其他則依據分文指示，將文件分送給相關的主辦工程師由其辦理後續應辦事項。

圖說文件的登錄、上架與分送流程類似來往文件，且圖說文件在送審或回覆時，都會跟隨一張來往文件（送件函），但是有幾個不同的地方需特別注意：

**1. 文件登錄時，來往文件和圖說文件應分開存放並設定連結索引**

來往文件不分版本，但是圖說文件則有分版本，一般在圖說文件隨附的送件函中，會註記送審圖說文件的版本資訊，因此在圖說文件登錄時，需將其送審紀錄依據歷次版本陸續登錄。而圖說文件的資料庫型態因和來往文件不同，兩者應以不同的電腦檔登錄。但兩者之間有關連時，如圖說與其送件函一併提送時，則需於送件函登錄資料中註記送審哪一份圖說文件，而圖說文件的登錄資料，則需註記以何文號送審，以建立兩者之間的連結或索引關係。

2. **新版本圖說文件上架，應將舊版本抽離**

新版本圖說上架時，應將舊版本抽離，以免混淆誤用。此外，若有工地變更或設計變更的備忘錄和圖說內容變更有關，此備忘錄發文會收到回覆文後需歸檔時，除了歸在來往文件卷宗夾外，還應影印一份夾訂於上架的圖說上，以提醒閱覽者注意。

3. **圖說文件分送時，應註記收受單位，並把舊版文件收回**

圖說分送相關單位時，應在圖說封面上註記已分送之單位，以方便使用者相互知道相關單位是否也收到相同的資訊。此外，分送新版本圖說給工地施工單位時，需同步的把舊版本圖說回收，避免工地用舊圖施工。

4. **伺服器電子檔應同步更新**

由於在整合圖說過程中，常常需要套圖以確認設備、管線或建物之間互相不會干涉，因此工程圖說的電子檔，也應隨著圖說分送時一併更新。此外，工程圖的電子檔應依照其圖說的檔案分類號放在主機內相同的目錄中，方便相關工程師參考使用。

## 第七節　圖說文件的更新管制及竣工圖處理

建廠工程在工地建造過程中，常常會因為諸多因素而必須進行已核准設計圖說的變更，變更的方式有時候是以備忘錄的方式，請求核准變更，有時候是再送一次圖說請求核准變更並進版。無論採用何種方式，當圖說有變更時，必須主動通知所有相關的工程師及協力廠商，告知舊的圖說已不適用，需按照新的圖說或備忘錄進行建造及安裝。此等圖說文件的更新管制若做不好，常常會造成工地施作錯誤必須重做。為了達到這個「主動告知」的責任，因此圖說文件登錄的資料庫中，應有欄位註記某已發行的圖說文件，先前舊版本已分送何單位，當圖說有更新時，應有專人通知或特別發文，要求其以新版本圖說取代舊版本圖說，並將舊圖送回。

建廠工程到了完工階段，都需檢送竣工圖說（As built Drawing）給業主。竣工圖說應將相關設計圖更新至實際施工尺寸或狀態。由於大型建廠工程圖說量很大，因此在平常的圖說管理程序中就要考慮到未來竣工圖應如何完成，否則屆時輕者來不及製作竣工圖，重者提供了錯誤的竣工資料給業主，都是應事先避免的。

一般建廠工程施工的邏輯都是需按圖施工，當按圖施工有疑義時，會發施工疑義澄清要求（Require for Information, RFI），請設計者澄清，或按圖施工有困難需進行工地設計變更時，會發工地變更備忘錄（Field Change Notice, FCN），經核准後才能依據變更結果施工。因此理論上，只要將 RFI 及 FCN 資料收集完整後，將其中的所有變更或增添資料修正至設計圖說中，就是完整的竣工圖。此外，在試車過程中，常常會有設計不足需在現場增加設施或修改設施的情形，此部分也需有紀錄，並反映在竣工圖中。由於竣工圖的修改資料量很大，因此在平常就要依據程序由專人進行，也要在竣工前至少三個月前與顧問公司及業主開會，確定竣工圖的數量、格式與複製份數等。不能等到竣工後再開始，常常會來不及製作。

## 第八節　專案及工地檔案室與電腦網路系統的架構

由於建廠工程是個需要團隊合作的項目，因此如何進行資料分享是很重要的工作。拜現今電腦網路科技之賜，無論是硬體或是軟體設定以提供工程師們便利的工作環境，已經是很容易的事，以下是大型建廠工程專案常使用的系統架構及使用模式。

### 1. 檔案室的配置

大型的建廠工程專案，爲了方便圖說文件管理，通常在專案以及工地都會設置專門放置文件圖說的檔案室，放置在此的檔案稱爲「中央檔案」，以和個人以及部門使用之「工作檔案」區別。中央檔案置放所有圖說資料文件之原稿，這些原稿只能在室內閱覽，不能攜出，若有必要時經主管核可始可複印後攜出。若整個專案的圖說資料及文件需要嚴密管制時，除了圖說、資料、文件外，所有影印機、傳眞機以及網路電腦主機都置放在檔案室中，並應安排檔案管理員的座位在檔案室內靠近門口處，做人員進出的管制，所有進出檔案室借閱或影印資料的工程師都需在登記簿上登記。

2. **電腦硬體及網路設定**

建廠工程由於是一個需要工程師們相互分工合作才能完成的專案，資料的共用以及分享非常重要。因此，無論是專案辦公室或工地辦公室，無論小型或大型的建廠工程專案，都應設置電腦網路系統。小型的建廠工程專案使用的電腦網路可以直接藉由集線器（Hub）及網路線連接工程師們使用的電腦，設置小型辦公室網路。大型的建廠工程專案則建議應設置電腦伺服器主機（Server），以及全專案或工地的電腦網路硬體與軟體設定。其中電腦硬體與軟體的設定，需兼顧使用的方便性、保密性以及資料保全。在大型的建廠工程專案中，可在電腦主機內設置郵件伺服器（Mail Server）功能，讓專案內各單位能利用電子郵件快速的傳遞資料或傳達訊息，以加速彼此溝通，並進而加速建廠進程。

3. **多功能影印機設定**

以往審圖時，顧問公司或統包商工程師會將審圖意見批註在A3圖上，加上送件函後，以郵寄或快遞的方式傳遞訊息。此種傳統方式在傳遞訊息時需要1～2天的時間，至於跨國進行審查的國際性工程，會耽誤3～4天。而現今科技的發展，新型的影印機已可已配備A3圖掃描的功能，並能連結辦公室電腦網路。因此，目前的趨勢已朝向將含審圖意見文字註記的圖說掃描成電子檔後，以手機APP或電子郵件方式傳給收件人，可大幅縮短郵寄時間。採用此方式通訊時，必須收發文雙方都有類似的影印機掃瞄設定及收發文程序。

## 第九節　文件資料及工程圖說的保密與管制

建廠工程文件資料及工程圖說基本上用在建廠過程中，工程師們每日都會接觸並使用到，理論上應開放給工程師很方便的取用，然而方便取用的另一面，就有無法保密或保全的問題發生。這些資料雖然不像製程資料般的屬於公司及工廠營運機密，但是資料外洩仍可能對公司會有影響，有些圖說屬於技術資料不容外洩，有些合約有價格資料，亦需保密。因此，必要的資料保密與保全措施仍屬必要。

要兼顧使用的便利性以及保密性，文件資料及工程圖說的管控可以採行以下步驟來管理：

### 1. 設定文件資料及工程圖說的保密等級及保存年限

所有的文件資料及工程圖說，若要進行保密管制，第一步就必須釐清保密等級與保存年限。保密等級的設定可以在專案開始時，用程序書作統一的說明，必要時可以在文件上註記。不同保密等級的文件，應以不同的方式分別管制。文件到了保存年限時，有歷史價值或保存價值的文件可以掃瞄後保存光碟，其餘則以銷毀處理。

### 2. 在員工及協力廠商合約文件上管制

文件資料及工程圖說的管制對象，可以說是文件本身，也可以說是人本身。因此管製程序的第一步，就是要求與參與此專案的所有員工與廠商簽訂保密協定，在協定上約束員工及廠商不得將本工程之相關機密文件資料及工程圖說洩漏給第三者，必要時甚至規定不得攜出辦公室或工地。否則必須承擔相關法律責任。

### 3. 在辦公室電腦設備上管制

屬於保密等級的文件資料及工程圖說，必須在電腦中就先有所管制。一般的作法可以在公司或工地的電腦網路上作使用權限的設定，由網路管理人員在網路伺服器中設定管制條件。比較小的公司或工地，沒有網管人員編制可以進行此設定管制時，可以在電腦硬體上下功夫，規定將公司或工地電腦主機或伺服器以外，所有工作電腦的 USB 連接器、燒錄機、軟式磁碟機、ADSL 連接線等能對外複製或傳輸資料的元件拔除。所有工程師及員工的工作成果都必須貯存在網路主機或伺服器中。只有網路主機或伺服器有 USB、燒錄機……等，在經申請核可後，可以透過主管將電子檔案拷貝出來。

### 4. 在文件及圖說管理流程上管制

文件資料及圖說若眞正屬於機密性質時，應在其出生至死亡期間全程管制，亦即在文件產生、傳閱、複製及分發、歸檔，以及必要時須銷毀等，在流程上都需設定管制方式。亦即，可以將全部的圖說文件等集中到檔案室，影印機及傳眞機亦集中到檔案室，由專人服務同時控管。此外，分發出去的機密圖說，亦需登錄並追蹤用畢後繳回。

由於文件資料及圖說對工程師而言，是每日工作所需，也是增進其知識與經驗的媒介，因而許多工程師都有收集文件資料及圖說的習慣，亦無可厚非。因此在實施管制的時候，需考慮到工程師使用的方便性，並需事先溝通，非必要保密的文件資料及圖說，應開放流通及複印，因爲每個人自主性在工作時，需要哪些資料才能繼續推動工作，他人很難知道。若是管制太多，變成專業主管需不斷主動提供資料，工程師則被動的聽命行事，並非專案之福，更何況太多的管制反而會造成工程師消極的抵制進一步降低工作效率，甚至影響建廠工作進行，在實施上，不可不愼。

## 問題與討論

1. 建廠工程圖說文件有哪些種類？
2. 檔案管理為什麼要註記分類號及流水號？
3. 「單一窗口」及「文件登錄」對於圖說文件的管理，有什麼重要性？
4. 專案圖說文件傳遞及管理流程上，要如何兼顧「週知」及「保密」？
5. 建廠工程的檔案管理應如何規畫？

# 第十一章
# 建廠工程的工地建造管理及動工前應準備工作

## 重點摘要

建廠工程的專案管理是要在預算內、符合品質的條件下如期完工，這是參與建廠的工程師們一致努力的目標。要達到這個目標，必須要靠一個組織嚴密且能相互分工合作的團體再加上一個適任的領導人才能達成。這整個建廠過程，都是在工地建造管理討論的範圍內。為了要能充分介紹整個建廠過程中的管理流程，除了第五章有述及開工前後的準備工作外，本章節嘗試以工地組織及分工開始介紹，再介紹工地動工前應完成的準備工作，以及工地建造管理工作項目敘述作為結束，好讓整個工地的建造管理工作有一個輪廓。

## 第一節　工地組織及分工

在介紹建廠工程的建造管理工作時，首先必須先了解建廠工程工地組織及分工。一般臺灣的工程公司及營造廠在安排建廠工程工地組織的人事預算時，都以每個人每月需承擔新臺幣 250 萬至 300 萬工程費為預算標準，屬於公共工程的專案，由於計畫報表等文書作業會較多，工地會安排較多的人力資源，屬於民營企業的建廠工程，則配置較少的人力資源，但無論有多少人參與工地的建造管理，建廠工程的工地組織，都應該涵蓋全部或部分下述功能：

**1. 建造部門**

負責整個工程的施工計畫、營建監造、協力廠商管理、資材物料管理及工程介面協調管理與整合，建造部門以下會視工地工作項目及多寡，再分成土建、機械、管線、電氣及儀控等分組。

**2. 品管部門**

負責整個工程的品保及品管作業。

**3. 工安衛部門**

負責整個工程的門禁、保全、工安及衛生工作。

**4. 行政部門**

負責整個工程的人事、會計、庶務、工地採購等業務。

**5. 工地設計部門**

負責整個工程的工地設計、工地設計變更等工作。

**6. 控制部門**

負責整個工程的計畫擬定、檔案管理、時程控制、預算控制及計價請款。

一般建廠工程預算在新臺幣一億之內，且需在一年內完成時，其預算僅能配置 3～4 人在工地，此刻工地組織只能粗分爲內業及外業。內業是指負責在工務所內的計畫及文書作業，項目包括品保、行政、工地設計及時程控制，外業是指在工地現場監造，包括建造、施工進度、品管與工安衛生等工作。此時，內業與外業所需編制的人力比約 1：2。而當建廠工程的規模越大時，其所需要的管理人員越多，分工也越細。圖 11-1 爲一個建廠預算新臺幣 30 億元的焚化廠建廠工程組織範例。

一般而言，工地經理（國內營造業稱工地主任）是工地的最高領導人，應該在建廠工程專案一開始時就予派任，並至少在工地動工前二個月能到職，開始擬定相關的工作計畫。而整個工地組織應該至少在工地動工前一個月就完成動員，當工務所設置完成後，各部門的負責人都應該到工地就職，開始擬定並執行各部門所負責的工作計畫。

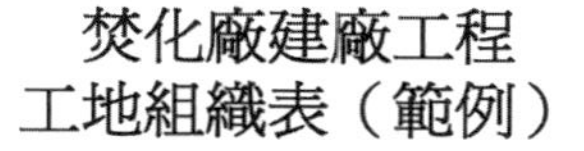


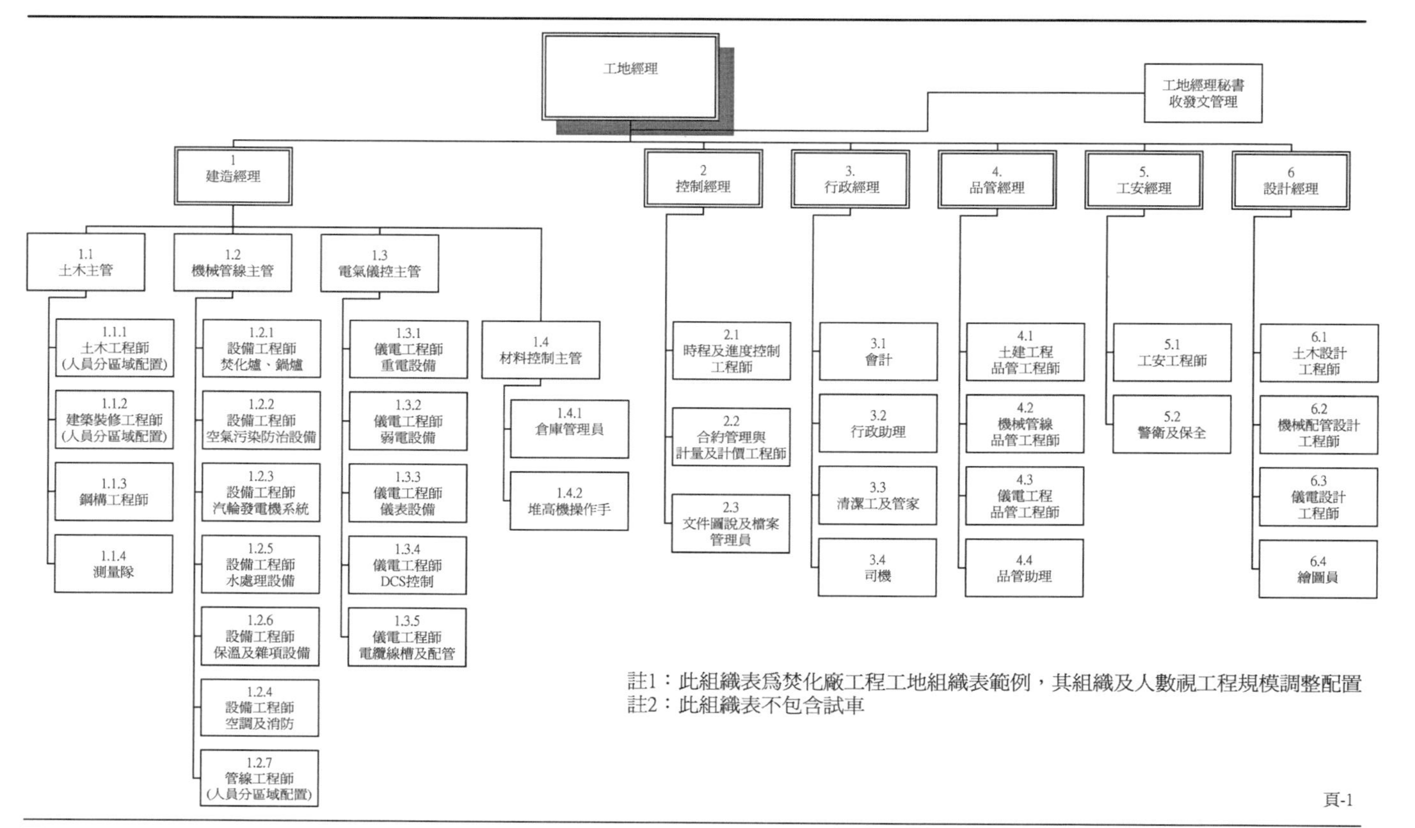


圖 11-1　工地組織表（範例）。

（方偉光技師／製圖）

當工地組織定案後，對於所有的職務，不分職務大小，都應訂定其職務敘述（Job Description），此職務敘述應以條列式陳述該職務所應負責的工作。當新人到職時，工地經理應會同該員主管共同檢視並確認此職務敘述，使每一個人都能確實的執行上級交付的任務。

## 第二節 動工前準備工作

當建廠工程專案按照主進度時程表，在開工前安排好工地經理及主要部門負責人後，當要開始進行工地現場營建工作時，還必須先完成相關的準備工作，才能開始動土施工。一般建廠工程「開工日」意指承包商應開始進行施工的日期，亦即開始起算工期的日子，建廠承包商的工程範圍若包括設計時，從開工到工地正式動工，中間間隔時間可能長達半年，甚至一年以上。若承包商的工程不含設計，從開工到正式動工，時間越短越好，此段時間爲動工前準備時間，亦稱爲動員時間，一般不應該超過一個月。動工前的準備工作經緯萬端，可說是萬事起頭難，但只要先擬好計畫，並經過相關人員充分討論過，一定能很快就緒。以下就工地動工前應先完成的工作，概述如下：

### 一、擬訂計畫

#### 1. 準備假設工程設施計畫送請業主及顧問公司核准

假設工程設施包括圍牆、工程告示牌、工務所、臨時廁所、洗車臺、設備材料庫房及堆置場、材料加工廠、工地用水、用電及通訊設施，工地臨時排水、及照明設施等。相關的工程計畫擬定後，需送業主／顧問公司核准。

#### 2. 準備整體施工計畫（包括工地建造及安裝時程表）送請業主及顧問公司核准

一般而言，整個建廠工程的整體施工計畫，應由工地經理或建造經理擬定，內容包括主要工程的進度，整廠施工動線及工地場地與設施配置。至於個別的施工計畫，如模板施工計畫、鋼筋施工計畫等則待工程發包後，由建廠承包商提出，協力廠商認可，或直接由協力廠商提報的模式進行。

**3. 準備整體工地品管計畫及相關品管表單送請業主及顧問公司審核**

工地動工前，應由工地品管經理完成一份整體工地品管計畫書，其內容規畫工地品管組織，定義整個施工的品管流程、品管項目、標準與相關表單。

**4. 準備棄土計畫送請業主及顧問公司核准**

當此建廠工程包括地下室，亦即有土方開挖工程有棄土需處理時，依法需提送棄土計畫並上網登錄。

**5. 準備工地預算執行計畫送請總公司核准**

一個有制度的公司，其預算擬定及執行有一定的程序。工地經理需對整個工地預算的擬定及執行負責，因此如何擬定詳細的工地預算送請上級核准，是工地經理在被派任後最重要的工作，必要時並應先申請緊急支用預備金額度授權等，這些都必須在工地動工前完成。

**6. 開始清圖與清料並隨時與設計部門澄清施工圖說與材料**

工地可以開始動工，表示設計圖已經完成，並經過業主及顧問公司核准。此時相關的工程師應該開始清圖、清料。所謂清圖就是詳細閱讀工程圖，了解整個工程圖說的施工順序及施工方法，同時研判圖說的完整性及正確性，以判定是否可以依圖施工。所謂的清料，是將圖說中所有的材料檢出，其中已發包給專業施工廠商的督促廠商開始備料，屬於工地或公司需準備的材料，則需列表管制，配合工地施工時程表，訂出需採購時程。清圖或清料過程中，若有任何不明白的地方，需以書面向顧問公司或設計單位澄清。

**7. 準備相關工地管理用表單及各項工作執行程序流程圖**

一個大型的建廠工程工地，由於參與的工程師可能來自不同的部門，甚至不同的公司，對於各項工作執行之流程認知可能不同。因此工地開始動工前，工地經理應請各部門主管，就其負責的事務，先完成相關管理用之空白表單及其工作程序流程圖或程序書。按照各項工作的輕重緩急，逐一核准後公布。各項管理用之空白表單及其程序流程圖可以直接取用自公司的 ISO 品質管理系統，必要時可以依據工地需求修訂，若 ISO 沒有詳細規定時，應由工地制訂。工作程序流程圖以簡潔、清楚爲原則，要能清楚表達工地各工作的程序、步驟及介面。

### 8. 協助公司完成協力廠商工程發包

一般建廠工程，工程發包的工作都是由總公司採購部門負責，在動工前，相關的工程發包工作都應該完成。一般程序上，屬於工地建造的發包工作，除了議價外，工地都應該參與，亦即從開始的工作範圍界定，到最後的合約訂定，工地經理都應了解並提供專業意見。若公司及工地相隔甚遠無法顧及，至少工地需要審閱與協力廠商的合約，看合約的條款是否完備。工程發包完成時間，應爲協力廠商動工前一至兩週。

## 二、工地點交及周遭環境界定

### 1. 工地點交

工地開工前，應邀請業主至工地進行正式的點交，點交的重點是確認業主在工地之應辦事項均已完成，且應移除的地上物也均已移除完畢。此外，工地若可能有妨礙施工之地下埋管理線時，應請業主邀請所有管線單位（電力公司、水公司、瓦斯管線公司、電信公司……等）於工地點交時至工地現場進行地下管線現場勘查，並做成紀錄，若時間不克安排，應於會議記錄內另訂時間，其中若有未敘述於原合約之工作或障礙時，需載明於會議記錄，以利未來申請設計變更或工期展延時有所依據。

### 2. 工地測量並訂定測量基準點

測量是營建工程的基礎，工地點交後，應盡速進行大地測量及放樣，同時並訂定整廠施工時之測量基準點，完成的基準點應予妥善保護，未來廠房施作均應依此基準點進行。

**3. 工地鑽探**

大型建廠工程在建廠前，業主通常會先進行鑽探，以取得地質資料好讓投標者估算報價。但得標後開始廠房設計時，此部分資料可能不夠設計所需，需進一步的進行地質鑽探以作確認。

**4. 辦理鄰房鑑定**

當工地周圍有鄰房時，可先請技師工會等公正團體，預先至鄰房進行施工前鑑定，登錄既有的龜裂或損壞程度，倘若將來若有損害認定之需求時，可以調閱原始鑑定報告，判定此損害是否為原先已有之損害，可減少糾紛。

**5. 辦理施工前環境影響評估報告中之應辦事項**

大型建廠工程在建廠前，若依法需進行環境說明書或影響評估時，在已核准的報告書中會規定施工前、中以及營運後的應辦事項，其中可能包括施工前環境監測項目，以界定未來營運時環境值是否有很大的變異。相關之施工前應辦事項應於動工前完成。

## 三、工地設施設置

**1. 施作圍籬及大門**

所有的建廠工程在建廠期間，工地都有潛在危險性，因此施作圍籬將廠址與外界區隔有其必要性。此外，工地大門平常均應管制進出，由大門旁警衛室內之警衛負責管制。

**2. 施作工程告示牌**

公共工程有規定工程告示牌設置標準，民間工程則以企業識別及形象來考慮視需求來設置。

**3. 設置工務所**

一般工務所都以組合屋或貨櫃屋方式設置，其所需總面積視在其中辦公人數而定，至少約 5～8 $m^2$／人，其內除了配置辦公空間外、還需視需求規畫會議室、檔案室、茶水間、會客室、工具貯藏室、廁所及業主／顧問公司辦公室等。

4. **設置工務所辦公室設備及家具文具**

工務所辦公室設備至少包括桌、椅、電腦、影印機、傳真機、冷氣機、書架……等。當辦公設備及家具、文具設置好之後，所有空白檔案夾應依據檔案分類架構（File Breakdown Structure, FBS）貼好其書背標籤，完整的排列在檔案櫃內。

5. **設置工地臨時廁所及垃圾集中場**

工地臨時廁所除了在工務所設置外，在工區內也應視需求數量設置。此外，應視工地現況設置必要的垃圾桶或垃圾集中場。

6. **設置洗車臺**

當工地現場有土方開挖工程時，需於開挖前，在大門口處設置洗車臺，可據以清洗輪胎，避免往返工地的泥濘車輛汙染公共道路。

7. **設置設備材料庫房及堆置場**

當建廠工程有國外進口設備時，工地需有設備材料倉庫（室內貯存）及堆置場（室外貯放），一般而言，每噸設備約需 5m$^2$ 的堆置場地需求，若現場場地不夠時，應盡快於工地附近租用適當場地。

8. **設置鋼筋、管線、風管等材料加工場**

當現場工地場地夠大時，一般建議鋼筋、管線、風管等材料加工場就規畫在工地，以方便施工需求。若工地場地有限時，應在鄰近區域預先尋找合適的加工場地。

9. **設置工地用電變壓器、配電盤及發電機**

工地動工前，應先預估建廠臨時用電需求，向電力公司申請臨時用電，同時並應規畫設置必要的變壓器及配電盤以引進臨時用電饋線。當申請之臨時用電不足，或是當地電力不穩定時，應租用發電機備用。

10. **設置工地用水管線**

工地動工前，應先預估建廠臨時用水需求，設置臨時用水管網，在無自來水供應地區須申請設置地下水井抽地下水供作施工用水。

**11.設置工地夜間照明**

在大門、圍牆以及主要施工區域，應設置夜間照明設施。

**12.設置工地臨時排水系統**

工地動工前，應審視工地高程及地形地貌，預先規畫臨時排水系統，以免暴雨來襲時，工地積水無法施作。

**13.設置工地工安標語及告示牌**

工地內應視需求張貼相關之工安標語及告示牌。

## 四、向相關主管機關辦理申請或申報

**1.向建管單位申報開工**

向建管單位申報開工有一定的報表格式，建廠承包商需依規定準備好文件，並請建築師簽章後，向建管單位申報開工。

**2.向地政機關申請鑑界**

工地開始施作圍籬前，除了請測量公司進行工地大地測量外，對於較關鍵的幾個邊界點，應該向地政機關申請鑑界，確認廠房範圍，必要時邀請鄰房地主參與，以昭公信。

**3.向工程會申報工地主任及品管人員**

建廠工程若是國內公共工程時，工程會規定公共工程需由主辦機關向工程會申報工地主任及品管人員。

**4.向勞檢所申報勞安人員**

國內一定規模以上的營建工地，依規定需向勞檢所申報勞工安全衛生主管及勞工安全衛生管理人員。

**5.向電力公司申請工地臨時用電**

**6.向自來水公司申請工地用水**

**7.向電信公司申請電話及ADSL**

### 五、籌辦動土典禮

1. 發邀請函邀請業主、新聞界及當地民眾參與。
2. 籌辦動土儀式及典禮。

## 第三節 工地建造管理的重點要項

動土典禮辦完之後，就是建廠工程正式動工開始興建的時候，一般建廠的程序不外乎先進行土木工程，亦即先從地下室開挖或打樁開始，進行廠房結構工程下部結構，待結構物出土後，接著進行廠房結構工程上部結構，接著進行建築裝修以及道路排水等公共設施。當廠房結構進行到一定程度時，機械設備安裝工程就先開始，大部分設備安裝定位後，管線工程接著進行，期間電氣設備也接著安裝，最後進行儀電布纜、配線及結線等工作。當所有儀電工程完成結線，並結束其導通及絕緣測試後，就是試車開始的時候。以下再簡介建造管理的重點要項。

### 一、計畫擬定

建廠工程的整體施工計畫應於動工前完成，其後應視工程之進展，在各單項工程開始前，完成各單項工程之施工計畫，並據以施行。其工作至少包括如下：

1. 與協力廠商共同討論及協調各單項工程之施工時程與進場施工及完成時間。
2. 與協力廠商共同討論擬定單項工程施工計畫並安排施工動線與機具選用（例如吊裝設備時，依據吊重及吊車位置選用適當之吊車）。
3. 與協力廠商共同討論及訂定各單項工程之人力組織與動員計畫。
4. 與協力廠商共同討論及協調其工務所及設備材料堆置場。
5. 相關施工計畫送業主／顧問公司核准後實施。

## 二、工程監造

工程監造是每一個工地監工的責任，所謂工程監造，並非只是監督協力廠商是否依圖依程序施工，避免其偷工減料，還需隨時注意工人施工時是否遵照工安要求配戴防護具，協力廠商雇主是否提供安全的施工環境。每日的工程監造工作，至少包括如下：

1. 每日至工地依圖查核協力廠商施工結果是否正確。
2. 每日至工地查核施工人力與項目是否依照計畫進行，符合計畫需求。
3. 協助協力廠商了解施工圖說，答覆協力廠商疑問。
4. 依據工地建造時程需求，安排各工程材料進場。
5. 在工地巡檢時，隨時注意工人之施工程序是否正確。
6. 在工地巡檢時，隨時注意施工材料之使用是否正確。
7. 在工地巡檢時，隨時注意施工程序是否已達其他協力廠商工程介面，需催促後續的工程接續開始施工。
8. 在工地巡檢時，隨時注意施工程序是否已達品管查核停留點，是否需進行自主品管檢查。
9. 在工地巡檢時，隨時注意並要求工人執行工地工安及衛生守則。

## 三、介面管理

工程介面管理是建廠工程中很重要的一項工作，由於整個建廠工程需要不同工種的協力廠商共同參與，以接力的方式接續完成整個工程，然而不同經驗背景的廠商，施工品質及品管要求參差不齊，因此階段性工作完成後，負責介面管理的建廠承包商，需在此時會同前、後施作廠商共同會測其施工精度是否符合品質要求，並應辦理交接，以確定責任歸屬，當執行介面管理時，必須先擬定流程圖及查核標準，由介面雙方同意後執行。介面管理至少包括以下項目：

## ㈠動土前的工地點交面管理

## ㈡土建工程區域完工後轉交機電設備開始安裝之介面管理

1. 會同檢核設備基礎尺寸、高程及螺栓孔位置是否正確，並轉交設備廠商開始安裝。
2. 會同檢核設備鋼構尺寸、高程安裝是否正確，並轉交設備廠商開始安裝。
3. 會同檢核土木地下管溝尺寸、高程施工是否正確，並轉交地下管線施工廠商開始施工。
4. 會同檢核土木電氣人孔尺寸、高程施工是否正確，並轉交電氣電纜施工廠商開始施工。
5. 當土建營造廠商完成部分區域，可以移交機械安裝廠商時，會同檢核該區域環境清潔是否完成。

## ㈢土建機電設備安裝完成後，轉交試車部門開始試車之界面管理

1. 提交土建設施施工完成報告（例如混凝土水槽應完成滿水試驗報告），將設施管理責任由建造部門轉移給試車部門。
2. 機械設備安裝完成後提出報告〔例如泵及風機等應完成對心（Alignment），管線需完成試壓（Pressure Test）〕，陸續將設備管理責任由建造部門轉移給試車部門，其中所有設備應依製造圖完成所有組件安裝。
3. 電氣設備安裝完成後提出紀錄或報告（例如相關電纜電線需完成電阻測試（Mega Test）及導通（Continuity test）測試），陸續將設備管理責任由建造部門轉移給試車部門，其中所有設備應依製造圖完成所有組件安裝。

## 四、工程協調

工程協調在建廠工程管理中，占了很重要的比重，由於建廠統包商的協力廠商少則 2、3 家，多的數十家，因此協調各家協力廠商的工作，使其順序進行並避免衝突，是建廠統包商的責任。一般建廠統包商在新的協力廠商進場時，會邀請協力廠商工地負責人及主要幹部進行開工會議（Kick Off Meeting），事先協調整個工程進行時的相關注意事項。此外，工地每日均會召開工地會議，由所有協力廠商工地負責人及統包商所有工程師共同參與，進行每日工地相關施工協調。工程協調主要包括以下事項：

1. 協力廠商施工動線及施工區域協調。
2. 協力廠商施工時程及區域完工交接日協調。
3. 協力廠商共用設備協調（如共用吊塔、吊車等）。
4. 協力廠商分攤費用協調（如所有協力廠商共同分攤工地電費、水費或垃圾清理費用等）。
5. 協力廠商賠償金額協調（如某一廠商完工時間延遲，造成另一廠商已動員機具閒置之費用損失，需進行賠償或補償其損失）。
6. 協調安排國外設備廠商安裝技師至現場指導安裝（國外技師時程需事先預定，以利其工作安排）。

## 五、時程控制

時程、品質及預算三者是否共同達成目標是一個工程是否成功的指標，因此時程控制是工地管理的主要工作之一。詳細的建廠工程的時程控制方法另以專篇說明，其要項主要包括以下工作：

1. 擬定工程計畫時程表。
2. 設定工程進度計算基準。
3. 協調協力廠商施工順序及進場時間。
4. 依據計畫持續推動各協力廠商施工進度。
5. 定期檢核進度，比較預定進度與實際進度並進行差異分析，對落後的進度需提出趕工對策。

## 六、計價請款

建廠工程的計價請款作業包括：

1. 依合約及施工進度積極向業主計價請款。
2. 依合約及施工進度協助協力廠商／小包計價請款。

由於工程是否能順利進行，和工程資金是否順暢有絕對的關係。因此工程款的計價請款作業是工地最重要的工作之一，也是工地經理或工地主任最重要的任務。同樣的道理，工地應協助協力廠商／小包依據公司的程序順利進行每期工程計價。唯有讓協力廠商能順利請款，沒有後顧之憂，並能依計畫出工、出料，工程才能順利進行。

在與協力廠商的合約中，有關計價請款條款的設計，應考慮到與業主計價請款相對應，避免請款結果不對稱，衍生統包商資金短缺問題。

## 七、預算控管

工地建造管理的預算應在工地動工前就先呈報專案及公司核准。工地預算的編列應依據公司的預算科目或 ISO 表格編列，有些公共工程，業主已完成設計，並有詳細的價格表及單價分析表，統包商亦可參考此表格結構編定預算，但須注意的是此價格表分項是否完全涵蓋建廠統包商的發包分項（如工地最常用的測量放樣及雜工，一般在公共工程的價格表中不會另外分項，需工地新增分項，或自其他分項中挪用）。詳細的建廠工程的預算控管方法另以專篇說明，其要項主要包括以下工作：

1. 各建廠項目預算科目開銷控管。
2. 工安衛生費用控管或分攤。
3. 施工品管費用控管或分攤。
4. 電費水費費用控管或分攤。
5. 工地零用金控管。

6. 風險準備金控管。

## 八、工地收發文書作業

工地收發文書作業是每一個工地最基本的管理工作，其內容包括收發文登錄、傳閱、處理及歸檔上架，以及收發文資料庫管理等工作。收發文書的對象可歸類如下：

1. 自業主／顧問公司處收文。
2. 發文給業主／顧問公司。
3. 自協力廠商處收文。
4. 發文給協力廠商。
5. 自當地政府主管機關收文。
6. 發文給當地政府主管機關。
7. 其他收發文。

## 九、工地圖說管理作業

工地圖說管理作業也是每一個工地最基本的管理工作，其內容包括圖說登錄、版本更新管理及歸檔上架，其工作至少包括如下：

1. 圖說登錄、歸檔及分送。
2. 圖說資料庫更新及管理。
3. 圖說版本更新管理。

## 十、工程品管及品保

工程品管工作不只是品管部門的工作，而是每一個工程師的責任。每一個工程師都應對工程品管把關，而品管部門只負責品管行政、品管查核以及品保工作。其工作至少包括如下：

1. 建立全廠品管檢核表單。
2. 督導協力廠商執行自主品管。
3. 專業工人資格檢定（如焊工）。

4. 執行建廠統包商自主品管。
5. 安排業主／顧問公司進行品管查核。
6. 品管文書管理。

## 十、工地施工圖繪製及工地變更

一般建廠工程的設計工作都是在總公司辦公室內完成，工地只負責依圖施工。但是爲了實際工作方便性考量，有時候公司設計部門只提供工程圖，更細部的施工圖則由工地負責繪製，最常見的就是開孔埋件圖以及施工大樣圖。工地施工圖繪製及工地變更作業，其工作項目至少包括如下：

1. 工地施工圖繪製。
2. 協助解釋設計疑義。
3. 工地向設計單位或顧問公司提出設計澄清。
4. 設計有窒礙難行時，向業主或顧問公司提出工地設計變更。

## 士、工地安全衛生管理

工地安全衛生管理不是工地工安主管的職責，而是每一個工程師的職責。工地工安主管只負責工安衛生的督導。有關工地安全衛生管理將以專篇說明，至少包括以下項目：

1. 每日上工前督導協力廠商執行工具箱會議。
2. 每日工地巡察督導工安應辦事項。
3. 持續宣導工安。
4. 執行工地門禁管制。
5. 工地衛生勤務。
6. 環境影響評估報告有關工地應辦事項。

## 士、設備、材料倉儲管理

建廠工程無論是在國內或是海外，都有設備及材料倉庫管理問題，尤其是海外工程，倉儲管理更是重要。在國內的工程中，若是工地空間不夠，可以要求國內的設備材料廠商於工地需用前三天才交貨，但是若是國外設備，則必須安排足夠的倉儲空間，並有專人管理設備、材料的入庫、貯存及移交。設備、材料倉儲管理至少包括以下項目：

1. 連繫協力廠商及貨運公司有關設備材料進場動線、落地位置及機具。
2. 建立設備材料管理資料庫。
3. 設備材料開箱檢驗及短缺通報。
4. 設備材料入庫及移交。
5. 設備材料貯存及盤點管理。

## 十四、公共關係

建廠工程的公共關係工作是工地經理以及工地行政主管的職責，公共關係做的好，可以讓工程師全心全力趕工，否則若有業主刁難，民眾非理性抗爭等事情發生，都會讓工程師有無力感，無法全力投入工作。公共關係需至少包括以下項目：

1. 與業主／顧問公司維持良好互動。
2. 與當地居民維持良好關係。
3. 與當地政府與民意代表維持良好關係。
4. 與當地新聞媒體持良好關係。
5. 民眾或政府官員參觀工地時，安排接待及導引。

## 十五、會計、行政及後勤作業

建廠工程的會計、行政及後勤作業，由工地行政主管負責管理，屬於日常性的工作。如果建廠工程屬於海外工程，行政部門還必須兼顧外派工程師的住宿及交通問題。相關作業如下：

1. 會計薪資作業。
2. 人事行政作業。
3. 後勤支援作業。

## 第四節 結論

建廠工程的建造管理目標是要在限定的時間以及預算內，完成合乎品質的廠房及相關設備安裝。其工作經緯萬端，不是三言兩語可以道盡，也不是熟讀法規、指引就可以勝任，而是要靠建廠團隊足夠的實務經驗，再加上工地經理或工地主任適切的管理及領導風格，才能確實達成（圖 11-2）。

圖 11-2 工程完工後獲得獎項或是獲得民眾及業主的肯定是工程師的榮譽。（方偉光技師／攝影）

然而建廠工程所涉及的知識及技術相當廣泛，若非親身經歷蓋過 2、3 個廠，累積至少 10 年以上經驗，一般工程師很難盡窺全貌。因此如何快速的累積建廠工程經驗及相關知識，從中了解自己以及別人在整個計畫中扮演的角色，善盡分工合作的職責以達成目標，同時並進而能提昇自己的能力，是工程師應念茲在茲且銘記於心的課題。

## 問題與討論

1. 工地建造管理的目標是哪三項？
2. 工地組織至少應包括哪些功能編組？
3. 工地動工前應完成哪些工作？
4. 工地動工前後，應完成哪些假設工程？
5. 請簡要說明工地主任的工作（Job Description）

# 第十二章
# 整廠輸出的海外大型建廠工程的機電資材管理與控制

## 重點摘要

如同前幾個章節所敘述，大型建廠工程的特性是合約預算已固定，工期緊湊，品管要求很嚴格，在海外建廠時，需要進出口的設備材料多，有時候為了成本考量，有時候為了品質或時程考量，部分的海外建廠是從國內的原物料採購開始的，期間經過數次交運，最後才送到工地預製或安裝。在這種情形下，建廠工程師從原物料開始就必須一路追蹤並管理所有的採購及製造流程，以精確的掌控其品質、預算及時程。為了要能充分介紹整個管理流程，本文嘗試以建廠工程的資材分類、以及其採購方式開始，接著介紹相關資材及物流的流程，以及各階段應準備的相關文件，最後再介紹資材管理資料庫與相關管理要項，好讓整個海外大型建廠工程的資材管理工作有一個輪廓（圖 12-1）。

## 第一節　建廠工程的資材管理各階段的定義

建廠工程的資材管理（Material Control），泛指建廠工程所需的設備材料管理與控制，又可簡稱爲物料管理。由於大型建廠工程其工程介面管理相當複雜，因此業主通常都會採用統包方式發包，由一個建廠統包商負責整廠的設計、製造、交運、安裝及試車等工作。因此，整廠的資材管理，也是建廠統包商很重要的工作（圖 12-2）。

廣義的資材管理大約可分爲三階段，第一階段是設計採購階段，指

圖 12-1 海外建廠工程。
（廢水處理廠基樁工程，方偉光攝）

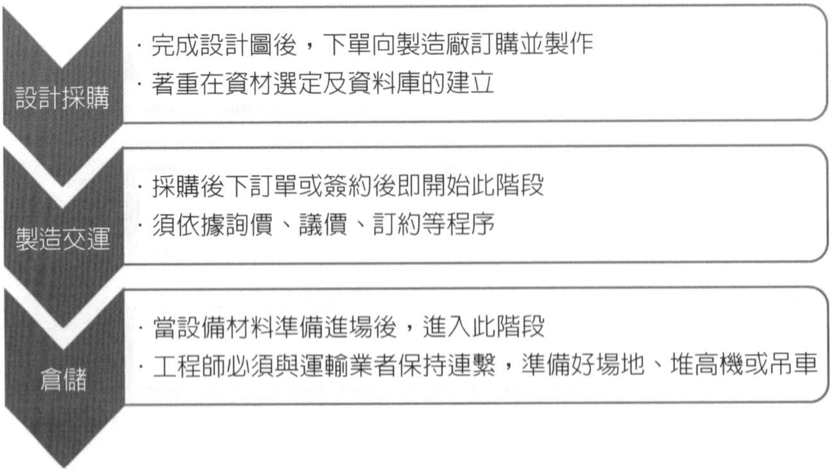

**設計採購**
- 完成設計圖後，下單向製造廠訂購並製作
- 著重在資材選定及資料庫的建立

**製造交運**
- 採購後下訂單或簽約後即開始此階段
- 須依據詢價、議價、訂約等程序

**倉儲**
- 當設備材料準備進場後，進入此階段
- 工程師必須與運輸業者保持連繫，準備好場地、堆高機或吊車

圖 12-2 建廠工程的資材管理。
（方偉光技師／製圖）

設計部門完成相關設計圖後，由圖中檢料並製作各項資材清單（如設備清單、閥件清單、管件清單、儀表清單……）後，由採購下單向大盤商或製造廠訂購並開始製作，這一階段是屬於設計、採購工作，資材管理著重在資材選定及管理資料庫的建立。第二階段是製造交運階段，指設備材料在工廠製作，從製作完成由工廠運出後，到進入工地倉庫前，會經過一些製造加工、檢體送驗、文件檢核、運輸、海關通關等過程，最後送達工地，這一階段的資材管理著重在各階段的物流管控。當設備材料進入工地並落地後，直到交給工地安裝廠商的材料預製場進行材料的預製、加工，是屬於第三階段的資材管理，其重點在倉庫管理。後續的設備及管線安裝屬於建造管理，則不在本文的討論範圍內。

# 第二節　資材管理第一階段——設計採購階段

## 一、各項機電資材的分類及採購原則

建廠工程所有的機電資材，一般可以依其性質大致分類如下：

**1. 機電設備市購品**

此類設備多為廠商生產線中既有的設備。不需繪製設計圖送審。由設計部門完成基本設計後，依據其設備功能規格進行設備選型（Sizing），亦即由廠商既有的的型錄中選擇適當的設備送審後，由廠商製造，並交運至指定地點，其設備生產廠商通常不含安裝，此類設備最常見的包括一般泵浦、風車、空壓機、柴油發電機等。

**2. 機電設備訂製品**

此類設備多需要先進行設計，並繪製製造圖送審後，才能進行製造。其中大部分的設備，涉及到設備設計技術（Know How），需由專業廠商繪製設計圖及製造圖，經審核後，由該廠商繼續製造，並負責交運。安裝則視合約議定，由其統包安裝，或者只派技術工程師指導，由建廠統包商安裝。另外，有部分的設備，如桶槽（Tank & Silo）、小型熱交換器

（Heat Exchanger），並不需特殊專業的廠商設計，此時大部分由設計部門，或委託工程公司設計後，直接發包給鐵工廠或一般鐵件製造廠製作，交運至現場後，由建廠統包商負責安裝。

3. **機械管件大宗材料**

此類材料以管線、保溫等為主。其發包模式多由建廠統包商先完成管線設計，由設計圖中檢料，據以完成材料清單後，向材料製造商訂製相關材料，再交給管線專業安裝廠商安裝。另一種發包模式是完成材料清單後，由專業安裝廠商連工帶料一併承包。此類材料包括管線（Pipes）、管件（Fittings）、閥件（Valves）、保溫材料（Insulation）、油漆（Painting）、以及鋼結構材料（如鋼板、角鐵、槽鋼、型鋼及相關之螺栓、螺帽……等）。

4. **儀電大宗材料**

此類材料以電纜、線槽及相關另件為主，其發包模式多由建廠統包商先完成整廠配線設計，由設計圖中檢料，據以完成材料清單後，向材料製造商訂製，再交給儀電專業安裝廠商安裝，另一種發包模式是材料清單完成後，由專業安裝廠商連工帶料一併承包。此類材料包括電纜線、電纜線架、電管、接地銅線、接線盒、儀表配管以及配管另件等。

## 二、各項資材的設計、採購策略

前述大宗材料無論採何種發包模式，都必須先完成整廠管線設計或電氣配線設計後，由圖中估算所需材料數量，也就是俗稱檢料（Material Take Off）後，才能完成相關的材料清單，也才能發包開始製造。因此有些公共工程，業主是先委託顧問公司完成設計後，才發包給廠商直接製造並安裝。但大部分的建廠工程，都採統包模式，建廠統包商需負責設計，因此考慮到這段從設計到完成檢料的時間很長，可能無法符合工期的要求，因此應思考採取以下的對應策略：

1. 大型設備以及整個系統採統包的採購案應優先在專案工程開始後三個

月至半年內採購發包完畢。其餘所有的機械設備，應在配管工程及儀電工程設計開始前完成採購，時間通常在專案開始後半年至一年內。

2. 開始配管設計時，需配合土建設計，優先檢討埋管、埋件及過牆管的設計及檢料，此項工作應單獨先發包。
3. 機械管線工程中，當管儀圖及整廠配置圖完成後，即可進行第一次檢料，此時檢料精確度不是很高，因此以先訂製 70%～80%，讓工廠先行開工製造，以確認工廠製造排程不會延誤。當管線平面配置圖（Arrangement Drawing）及立體圖（ISO Drawing）完成後，再進行第二次更精確的檢料，將剩餘未訂的材料，包括備品等一次訂足，可接續先前的製造排程繼續製造。
4. 儀電工程在管線工程之後進行，相對而言有較充裕的時間進行設計及檢料，因此一般不需兩階段檢料，但是建廠過程中較先進行的工程，如接地等，應優先完成檢料及採購發包。

此外，一般大型建廠工程業主都會委託顧問公司在合約中訂定全廠設備及材料的規格，因此在資材採購前，設計部門應先詳讀合約規範，並將該設備材料所有的規格以條文式列出，製作成廠商技術審查表（Supplier Technical Evaluation），由競標之製造廠商逐條確認其設備是否符合規範，並由設計部門檢核。對於部分規格不符合規範，但其不影響功能，且價格很有競爭力的廠商，可以嘗試著尋求業主／顧問公司認可後，依程序報備核准。通過技術審查後的廠商，才能參與最後的比價及決標程序。決標廠商確定後，採購應以書面通知其立即開始備圖、備料，開始下一階段的製造交運程序。

## 第三節　資材管理第二階段——製造交運階段

資材管理的第二階段，是從採購下訂單或簽約後開始，當採購部門依據詢價、議價、訂約等程序，將相關設備材料發包交由專業廠商開始製造後，即開始第二階段的資材管理——資材的製造與交運。

## 一、設備材料製造前的文件審核

在設備及材料開始製造前，有以下重要的文件需要準備或檢核：

**1. 設備清單（Equipment List）及設備規格表（Specification data sheet）**

設計部門準備、製造廠商檢核並確認。

**2. 設備製造圖（Equipment Shop Drawing）**

設計部門提需求圖，製造廠商確認，並進一步繪製必要的製造圖，由設計部門再確認。

**3. 材料清單及規格（Bill of Quantity Specification）**

設計部門準備、製造廠商檢核並確認。

**4. 材料原廠證明或原材料試驗報告**

製造廠商向原材料生產廠商索取，提送建廠專案存查

## 二、設備材料製造中的查核

**1. 製造時程表及製造品管程序**

設備材料開始製造後，建廠統包商通常還會要求設備製造商提供設備製造時程表，以及設備廠商製造品管程序，以供建廠統包商檢核其時程與文件是否能符合整體建廠需求，以及品管是否符合需求。

**2. 製造廠品管查核**

當設備與材料開始製造後，爲了確實掌握時程，專案經理通常會安排專案採購或是品管人員訪廠視察製造進度，對於比較特別的材料（如合金鋼……等），訪廠人員還應該隨機取樣，送相關實驗室化驗，以確認材料品質符合設計要求。

## 三、設備材料完成後交運的作業流程

### (一)設備材料交運前的文件準備

當設備材料製造廠通知已完成該設備及材料的製造後，在交運前，有以下重要文件需要準備或檢核：

1. **設備及材料製造品管報告（Manufacture Quality Control Report）**

設備及材料製造廠必須提供製造過程中及製造完成後相關的品管報告。

2. **設備及材料第三公證公司檢驗報告（Thirty Party Inspection Report）**

建廠合約中，若有規定需有第三公證公司至工廠進行查驗時，專案經理必須安排相關檢驗時程，並由第三公證公司提送報告。

3. **設備及材料交運清單（Supply List）**

由於設備及材料完成後，工地或船期不一定能配合交運，因此設備及材料製造完成後，必須暫置於工廠中，等待專案採購的安排，由其製作設備及材料交運清單（Supply List）給工廠及貨運公司，以便依據清單出貨及裝船。

4. **免關稅證明文件**

有些國家對於環保工程（如廢水處理廠、焚化廠、發電廠中的廢氣處理設備）或一些鼓勵進口的設備材料，是有免徵關稅的規定，因此進口相關設備在交運前，應先查明是否屬於免關稅，並應至相關單位辦理免關稅證明文件，避免無謂的開銷。

### (二)設備材料的船運與船運文件

建廠所需的設備及材料在工廠出貨後，在送到工地前，會先由工廠或工廠委託的貨運公司負責清點裝箱，並由貨運公司依據採購安排的船期送到碼頭準備交運，在此期間，伴隨著設備材料等物流運輸過程中，會產生一些文件，統稱為船運文件（Shipping Document），包括如下：

1. **發票（Invoice）**

製造工廠跟建廠統包商請款時，需開立發票，同樣的，建廠統包商跟業主請款時，也需開立發票。如果建廠合約中，建廠統包商是依據各出口船次（Shipment）向業主請款，則船運文件中會包括該船次貨運之發票。

**2. 貨運清單（Packing List）**

工廠或貨運公司在清點裝箱時，會將所有該批次船運需載運的設備、零件及材料等逐一列出明細，並註記其裝箱箱號，交給貨主或委託運輸者，此明細表爲貨運清單（Packing List），也是工地收貨後，進行開箱檢核（Packing Inspection），以及將設備材料轉交安裝廠商安裝時，所依據的文件（圖 12-3）。

**3. 提貨單（Bill Landing）**

海運公司清點上船的貨運時，會將註明上船箱數的提貨單交給貨主或委託運輸者，也是後續運輸業者點交下船及上車貨運所依據的文件。

**4. 海空運保險單（Insurance Policy）**

由於貨物交運有運輸上的風險，因此業主通常都會規定建廠統包商必須保海空運運輸險，因此該文件亦爲貨到付款時須準備的船運文件之一。

**5. 原產地證明書（Country of Original）**

有些合約中，業主規定必須使用先進國家的設備，因此該類設備在訂約前，必須要求廠商向該設備生產國申請原產地證明書，交運時一併送達。

建廠設備資材中，屬於進口設備材料運抵港口時，還需有通關的程序。一般通關的程序視各個國家的海關程序，快則一週，慢的二至三週甚至更長，在通關過程中，若是有免關稅貨物時，其免關稅證明文件需特別注意，其核准文件所列的貨品名稱，必須與其他相關船運文件完全一致，否則海關檢查程序很容易因關員要求進一步說明而被耽擱。

## 第四節 資材管理第三階段——倉儲階段

當設備材料通知準備進場後，工地的材料管控工程師必須與運輸業者保持連繫，確認設備材料運到工地時，貨物落地是否需準備額外的堆高機

WEIP-E

貨運清單範例

DETAIL PACKING LIST

DATE ______

Work No. : J03H1307　採購編號

| | | | |
|---|---|---|---|
| REQ. NO. | HSE-31-GF-MR-007 2 | ARTICLE NO. | GF6501B　設備名稱 |
| PACKAGE NO. | EBTK-053　貨運箱號 | PACKING STYLE | CASE　包裝形式 |

| | | | | |
|---|---|---|---|---|
| WEIGHT | NET : 1,760 KGS. | GROSS : 1,850 KGS. | | |
| MEASUREMENT | 167 x 167 x 128 cm ( 3.570 M3 ) | | | |
| VENDOR/ MANUFACTURER | EBARA CORPORATION | | | |
| CHECK NO. | DESCRIPTION | DWG. NO. | PART NO. | QUANTITY |
| P.O.No.<br>HSE-P-010 | P-12 4.1.12 CENTRIFUGAL THICKENING EQUIPMENT<br>P-12-3 4.1.12.3 CENTRIFUGAL THICKNER WITH ACCESSORIES | | | |
| ARTICLE NO.<br>TAG NO.<br>GF6501B- K-001<br>零件識別碼<br>(設備名稱+零件碼) | MORTOR ECCENTRIC VALVE<br>250A-JIS10K<br>MATERIAL: FCD/SUS | WEIP-E-4ET-GF-OD-040 | | 1 PCE |
| GF6501B- K-002 | MOTOR ECENTRIC VALVE<br>300A-JB10<br>MATERIAL: FCD/SUS | WEIP-E-4ET-GF-OD-046 | | 1 PCE |
| GF6501B- TP-106 | GATE VALVE 80A-JB10<br>MATERIAL: FC/SUS REF. NO. 415 | WEIP-E-4ET-GF-WP-040 | | 2 PCS |
| GF6501B- TP-110 | MOTOR BALL VALVE 100A-JB10<br>MATERIAL: FC/SUS REF. NO. 403 | WEIP-E-4ET-GF-WP-042 | | 1 PCE |
| GF6501B- TP-112 | GATE VALVE 200A-JB10<br>MATERIAL: FC/SUS REF. NO. 413 | WEIP-E-4ET-GF-WP-042 | | 1 PCE |
| GF6501B- TP-113 | GATE VALVE 100A-JB10<br>MATERIAL: FC/HRC REF. NO. 414 | WEIP-E-4ET-GF-WP-042 | | 1 PCE |
| GF6501B- TP-114 | CHECK VALVE 100A-JB10<br>MATERIAL: FC/SUS REF. NO. 416 | WEIP-E-4ET-GF-WP-042 | | 1 PCE |
| GF6501B- TP-118 | GATE VALVE 80A-JB10<br>MATERIAL: FC/SUS REF. NO. 415 | WEIP-E-4ET-GF-WP-043 | | 1 PCE |
| | - concluded - | | | |

圖 12-3　貨運清單（Packing List）範例。

（九碁工程技術顧問有限公司提供）

或吊車，同時也預先準備好場地。此刻，資材管理也進入第三階段——倉儲階段。

## 一、設備材料運抵前的準備工作

海外大型建廠工程工地在一開始規畫工地假設工程設施時，就應該規畫設備材料堆置場及儲存倉庫（圖 12-4、圖 12-5）。設備材料堆置場的場地土質必須堅硬，能耐重型吊車進出，排水必須良好，且四周必須有圍籬，門口必須有保全。

圖 12-4　設備材料堆置場。
（方偉光攝）

設備材料堆置場所需的總面積，一般以建廠設備總噸數來估計，每噸設備約需 3～5 平方公尺的總堆置空間。其中室內倉庫約爲總堆置空間的四分之一至三分之一。若工地的場地很小，無法設置設備材料堆置場時，則需在工地附近租用場地，以供海外設備材料運抵後之暫置場。

一般而言，屬於國內生產的設備材料，都會視工地進度，直接安排設備在安裝前運抵工地即可，當設備運抵後，甚至不必下車，直接由吊車吊

圖 12-5　材料堆置場的室內倉庫。
（方偉光攝）

裝至安裝地點。但若是進口設備，則必須先查閱貨運清單，了解此批進場設備的材積後，預先安排卸貨場地。

在準備工作上，還有一點很重要的就是應自採購部門取得相關資材管理資料庫的電子檔，至少應包括大宗材料採購清單、貨運清單等。由工地資材管控工程師事先規畫好工地管理所需的資材管理資料庫。

## 二、資材管控工程師的工作職責

在工地，所有的資材管理，都由資材管控工程師負責，因此資材管控工程師除了上述的準備工作外，在海外進口設備材料進場後，還需進行以下工作：

### ㈠進行設備材料的接收（Receiving）與卸貨（Unloading）

### ㈡進行設備材料的開箱及檢驗

1. 邀請業主及顧問公司及品管相關人員進行開箱檢驗（圖 12-6）。

圖 12-6 海外建廠大型馬達開箱驗貨。
（方偉光攝）

2. 開箱後，應比對貨運清單，若有任何損壞或短少，應提送 ESD 報告（Excess, Shortage or Damage Reports）。
3. 若有短少，且屬緊急需求時，應提出緊急採購申請（Urgent Procurement）。

## ㈢負責設備材料的儲存

1. 確認倉庫以及堆置場的保全工作。
2. 依據各設備材料所需儲存環境，安排適當的室內或室外儲存場地。
3. 置放在室外堆置場的設備，需特別注意保護，防止撞擊。
4. 所有存放的設備材料，均應保持清潔，妥善保存，同時其存放位置應記錄在資料庫中方便取用時查詢。

5. 部分材料或溶劑爲有害物質，在貯存時應特別注意安全，並應依據當地法規做必要的處置。
6. 所有材料的儲存位置均需登錄，避免提領時臨時找不到。
7. 定期盤點，確認材料沒有短缺。

## (四)負責設備材料的交付（圖12-7）

1. 審查安裝廠商所提出的資材提領申請書，核對已提領之歷史紀錄（資材資料庫登錄紀錄），避免有材料重複提領的情形發生。
2. 依據資材提領申請書，將倉庫或堆置場的設備材料移交給安裝廠商。
3. 登錄相關交付記錄，並妥善保管資材提領申請書。

圖 12-7　建廠材料開箱及交付。
（方偉光攝）

### ㈤負責提供材料進場或交付動態

1. 隨時更新資材管理資料庫，了解所有材料現況，如材料是否已裝船？是否已進場？是否已提領？
2. 對於材料未來使用若有可能短缺時，提出事先預警。
3. 對於可能剩餘材料，應確實保管，於結案時呈報工地經理處理。

## 三、設備材料開箱檢驗後的分類整理重點

由於海外進口的設備，其製造商在交運其設備時，是將該設備全部的設備、零件、材料、儀表、備品甚至安裝說明書等都打包在一起，然後交付海運，因此工地在收到海運設備，開箱檢視後，必須先作分類整理的工作後，才接著上架或安置。

分類整理的要訣如下：

1. 分類整理時，需隨時記錄相關物品及其擺放位置，同時登錄至物流管理資料庫內，設備擺放位置移動時也需登錄，以免臨時要用時可能會遍尋不著。
2. 一般倉庫室內空間有限，因此室內空間多留給怕潮濕的電氣設備或物品。有些電氣設備出廠後即以塑膠膜包覆並予以眞空包裝處理，此類包裝在開箱檢驗時不可破壞，以免潮氣進入，在包裝密閉良好的情形下，可以暫時置放於室外。
3. 備品（Spare Parts）及特殊維修工具（Special tools）應特別撿出，並收在倉庫特定上鎖的房間內專門保管，等待最後交廠時，再一次移交全廠的備品及特殊維修工具。
4. 機械設備及儀表設備的零件應分開儲存，因爲兩者安裝的廠商及時程可能都不一樣。
5. 此箱若爲管件物料（Piping Bulk Material），開箱後應將其中的所有管件依據不同的屬性、材料性質等重新分類，經清點後置入置物架中。此箱若爲設備零件，則不能打散，需連同設備放在一起，在安裝前一

併點交給安裝廠商。

6. 爲避免倉庫管理原有監守自盜的情形，因此倉庫應不定期及定期盤點。盤點時，除了核對物流管理資料庫內的數量是否與實際數量相同外，還應查閱相關交付文件是否確實，檔案管理是否確實。

## 四、設備材料交付程序與相關文件

由於有些大型建廠工程位於落後或交通不便的地區，當設備材料從海外或國內運到工地後，工地必須妥善利用，若有任何誤用或濫用造成材料短缺，新材料的補給可能會要數週，甚至一、二個月的時間。因此審查安裝廠商的材料申請以避免誤用或濫用非常重要。

### (一)設備提領申請與審查

安裝廠商提領設備時，應檢附以下文件：

1. 設備提領申請書
2. 該設備的貨運清單
3. 該設備的製造圖或零件圖

審查時，應注意是否已將貨運清單中，不需立即安裝的零件，如備品、特殊維修工具等刪除。此外，材料管控工程師的審查註記應持續登錄在整本貨運清單中，隨時比對先前已提領之記錄，以避免重複申請。

### (二)管線材料提領申請與審查

安裝廠商提領管線材料準備開始預製安裝時，應檢附以下文件：

1. 該批管線材料提領申請書
2. 該批管線的立體圖（註記本次提領部分）

審查時，材料管控工程師的審查註記應持續登錄在整本管線立體圖中，隨時比對先前已提領之記錄，以避免安裝廠商重複申請。

### ㈢管線支撐及其他鋼構材料交付申請

安裝廠商提領管線支撐及其他鋼構材料準備開始預製安裝時，應檢附以下文件：

1. 該批材料提領申請書
2. 該批材料的製造安裝圖（註記本次提領部分）
3. 該批材料的切割計畫（Cutting Plan）

審查時，材料管控工程師的審查註記應持續登錄在整本管線支撐製造安裝圖中，以避免安裝廠商重複申請。同時，還應審查所有 C 型鋼、H 型鋼及鋼板的切割計畫，以避免其因切割錯誤或零料太多，造成材料浪費甚至不足。最後無法利用的餘料，應敦促廠商繳回。

### ㈣其他材料

原則上安裝廠商都應提出該材料的提領申請書，該材料的安裝位置圖。材料管控工程師需做註記以確認其總量管制，避免重複申請。

## 第五節　資材管理資料庫（Material Control Database）的建立

資材管理資料庫是一個概括性的概念，泛指全廠的設備材料相關的規格、價格、生產者、製造時間、交運時間、關連的圖說、安裝時間、完成檢驗時間……等等，以電腦軟體（通常是 Excel，因爲較普遍，大家都會用）建檔後，可以用篩選、排序、關連查詢等功能來進行設備、材料的物流管理。由於建廠工程不像一般工廠、商場或物流業有固定的產品或商品，無法請資訊專業人員建立一個長久固定使用的資料庫管理程式，必須靠工程師自己建立，但無論如何，相關資料庫管理的觀念，必須融入到工作中。

由於建廠工程的資材管理從開始的設計、採購到其後的製造、交運與安裝，是一個跨部門，甚至跨組織的工作，且需多人採接力方式進行。因此在一開始建立管理資料庫時，必須特別考量以下事項：

**1. 所有設備材料中英文名稱必須統一**

由於設備材料的名稱，會出現在建廠工程各階段所有的圖說文件中，有些工程圖由設計部門設計，而製造圖說由廠商繪製，有些文件用來向業主請款，或申請免關稅件，有些是工地安裝的品管文件，還有些是與協力廠商的合約文件。由於各文件的產出者不同，若一開始沒有規定統一的名詞時，會造成許多溝通上的誤解及不便。因此在建立資材管理資料庫時，第一步就是由專案經理主導，先建立並統一全廠各項設備材料的中英文標準名稱，並要求各單位遵守。

**2. 在設計採購、製造交運、及安裝各階段，應建立並維護一個單一資材管理資料庫，並由專人維護更新**

在資材管理的三階段裡，各階段的管理要項不一樣，因此所需功能不同，管理者不同，其資料庫內容也差異很大。但同一階段，所有參與專案的工作人員，應使用同一個資材管理資料庫，亦即每一個人都應該能在該資料庫中取得他所要的最新、最正確的資料。例如說第一階段，資料庫應由採購建立並負責維護，除了價格隱藏外，其餘相關的材料編號、名稱、規格、數量、關連圖說、檢驗時間、製造交運時間等都應建立在同一個資料庫中，放在網路上，可供大家查詢並取用相關資料。設計部門若有設計變更或更新時，也由採購負責更新，同時通知廠商。同樣的觀念在第二、第三階段亦然。到了第三階段，此資料庫對於資材管理更是重要，所有材料的接收（In）、交付（Out）都應由材料管控工程師輸入，以便隨時知道庫存（Balance），同時方便工地經理及安裝工程師查詢全廠設備材料進場及倉儲狀況時使用。此資料庫以 Excel 製作即可符合需求，不需要專業的資料庫軟體來進行。

**3. 各階段資料庫應定期以E-mail傳給下一階段更新資料**

當資材設計採購階段初步結束後，第一階段的資材資料庫已建立了全廠所需的設備、材料編號、名稱、規格、數量、時間等資訊，此資料庫對於下一個階段的交運及安裝非常重要，因此其電子檔應傳給下一階段負責資材管理的單位，這樣做有兩個好處，第一、節省了下一階段管理者重新打字輸入的時間，第二、大家用同一筆資料庫的資料在討論，檢核，溝通上會較順暢。需注意的是，當資料若有變動、更新時，也要定期主動通知，以便下一階段的管理者有最新的資訊。

**4. 各階段資料庫應有共通索引可以連結**

由於各階段資材管理的重點不同，負責的單位也不一樣，因此對於資料庫的內容需求也不同，在各單位各自創造了其管理表單或資料庫後，如果沒有共通的索引，將來在整合上將會增添許多困難。因此，爲了解決各階段的資材管理溝通問題，爲各項設備、零件、材料訂定識別碼（Tag No.）很重要，如此一來，在比對不同表單時，可有共通索引來連結及比較必要的資料。

**5. 應善用單一資料庫的篩選、排序等功能製作各類管理報表**

建立並維護一個單一資料庫，其主要目的就是更新維護方便，且便於以篩選、排序等方式處理各項資料。此項資料庫應置於辦公室或工地電腦主機中，加上適當的密碼保護，必要時應開放給相關主管或工程師查詢，以製作各項管理報表。

## 第六節 結論

建廠工程的資材管理目標是要在限定的時間以及預算內，採購合乎品質的設備、材料給建造安裝部門及廠商進行材料預製或相關設備安裝。其管理重點在於應先了解整個資材物流的內容，在各階段物流交接的時候，以適當的文件並配合電腦資料庫來管控，管理方法其實和一般工廠以及物流業類似，只是供應鏈的廠商及其內容略有不同而已。

## 問題與討論

1. 整廠輸出的建廠工程，為什麼要用到資料庫來管理？
2. 請簡述設備交運至海外工地有哪些文件要準備？
3. 請簡述設備交運至工地場址前後，有哪些管理工作要進行？
4. 海外建廠工程的資材管理，分成哪幾個階段？如何統一建立各階段的資料庫？

# 第十三章 建廠工程的風險管理及應變計畫

## 重點摘要

由於建廠工程需要在一定的時間、預算內，完成合乎品質的廠房及其中的設備安裝，在過程中有無數的險阻橫亙其中，有些會延誤到建廠時程，有些會影響到品質，最後都可能反應到經費上，需要編額外的預算去解決；這些都是建廠的風險，需要靠專案經理，以及營造廠、工程公司決策者的智慧與經驗去應變。如何定義風險、如何辨識風險，以及面對建廠工程中可能的風險時，該如何進行風險管理及遇到風險時該如何應對，在本章有詳細的闡述。

## 第一節　風險的分類及風險管理三部曲

經營任何的事業或進行任何的工程，都有所謂的「風險」。遇到「風險」若能巧妙避開或予以克服，則工程可以順利邁進，萬一無法跨越，輕則賠錢損失利潤，重則影響到整個工程無法順利完成，甚或拖垮整個公司，不可不慎。因此「風險管理」是公司經營者最重要的責任。

要進行工程的「風險管理」，首先要能將風險定義出來，亦即將全部工程可能發生的風險條列出來，登記在「風險登記簿」中，對於工程有越多經驗的人，可以條列的越多，亦即可以辨識的越多。將所有可辨識的風險條列於風險登記簿中，是風險管理的第一步。其後我們可以依管理層次，將「風險」以三種不同的方法予以分類：

1. 可辨識的風險，不可辨識的風險。
2. 可控制的風險，不可控制的風險。

3. 可承擔的風險，不可承擔的風險（圖 13-1）。

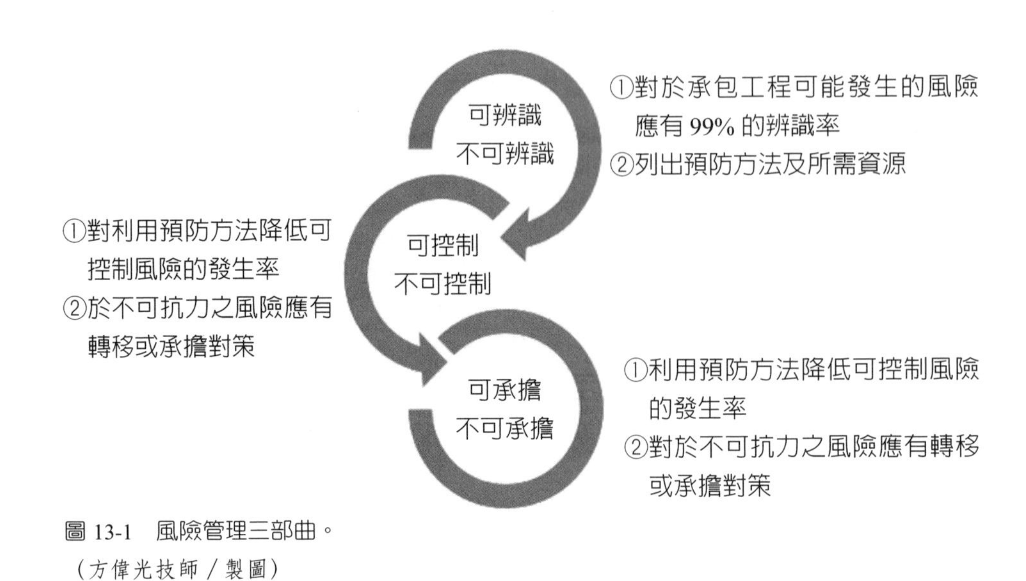


圖 13-1　風險管理三部曲。
（方偉光技師／製圖）

這三種風險的分類，其實就是「風險」管理的三部曲，亦即風險管理的三個層次。首先是要能「辨識風險」。風險之不可辨識表示該風險是什麼？在什麼情形下會發生，發生後會造成什麼影響？在沒發生前完全都不知道，也沒有任何警覺及防範措施，一旦發生時，可能「怎麼死的都不知道」！因此理論上，一個有經驗的專案經理或營造廠、工程公司對於其所承包的工程可能有的風險，應有至少 99% 的辨識率。其次先由可辨識風險開始，列出其預防方法及所需的人力或物力資源，嘗試去控制已辨識出的風險，藉由一些作爲或預防步驟，降低可控制風險的發生率，至於不可控制的風險（或稱「不可抗力」），則應有風險轉移或承擔的對策。由於控制風險的成本可能很高，因此，在已經充分了解風險的本質後，爲了利益的極大化，或者擴大承受不可控制風險的接受程度，降低取得專案承包的機會成本，公司決策階層可以視公司體質及所擁有的資源，將原來「不可承擔的風險」轉化爲「可承擔的風險」。如此亦符合「高風險、才有高報酬」的經驗法則（表 13-1）。

表 13-1　建廠工程風險登記簿（範例）

| | 建廠可能的風險／問題 | 規避風險方式 | 風險承擔者 |
|---|---|---|---|
| 設計階段 | 設計公司／顧問公司設計錯誤／瑕疵風險 | | |
| | 工程數量估計錯誤 | 1. 依據設計品管程序進行設計檢核<br>2. 工地動工前需完成清圖清料 | 統包商（本工程承包廠商） |
| | 工程圖表達不完整 | 1. 依據設計品管程序進行設計檢核<br>2. 工地動工前需完成清圖清料 | |
| | 工程圖設計不正確 | 1. 依據設計品管程序進行設計檢核<br>2. 工地動工前需完成清圖清料 | 統包商（本工程承包廠商） |
| | 設計進度不符合需求 | 1. 得標後規畫設計進度表及圖說清單<br>2. 每週查核設計產出及設計進度 | 統包商（本工程承包廠商） |
| | 結構物強度計算錯誤 | 依據設計品管程序進行設計檢核 | 統包商（本工程承包廠商） |
| | 土建設施功能計算錯誤 | 依據設計品管程序進行設計檢核 | 統包商（本工程承包廠商） |
| | 製程設備、儀表選型錯誤 | 依據設計品管程序進行設計檢核 | 統包商（本工程承包廠商） |
| | 管線計算／選型錯誤 | 依據設計品管程序進行設計檢核 | 統包商（本工程承包廠商） |
| | 設備／管線材料選擇錯誤 | 依據設計品管程序進行設計檢核 | 統包商（本工程承包廠商） |

| | 建廠可能的風險／問題 | 規避風險方式 | 風險承擔者 |
|---|---|---|---|
| | 工程師或建築師／顧問公司規格綁標 | 1.事前詳細查核<br>2.事後依據事實及合約辦理變更 | 統包商（本工程承包廠商） |
| 製造階段 | 製造商未能履約風險 | | |
| | 產品部分之組件或材料不符合規範 | 簽約前，廠商需提送規範檢核 | 製造商／統包商（本工程承包廠商） |
| | 未依據設計品管程序將製造圖送審 | 合約中規定所有製造圖需送審 | 製造商／統包商（本工程承包廠商） |
| | 已完成製造之產品不符已核准之製造圖 | 依據品管程序進行製造品管查核 | 製造商／統包商（本工程承包廠商） |
| | 未依據品管程序提報品質測試計畫 | 合約中規定所有測試計畫需送審 | 製造商／統包商（本工程承包廠商） |
| | 產品無法通過品質測試 | 依據品管程序進行製造品管查核 | 製造商／統包商（本工程承包廠商） |
| | 交貨延遲 | 定期派員巡迴廠商查驗進度 | 製造商／統包商（本工程承包廠商） |
| | 製造廠商倒閉 | 定期派員巡迴廠商查驗現況 | 製造商／統包商（本工程承包廠商） |
| 運送階段 | 運送廠商未能履約風險 | | |
| | 車禍、船難、航空意外等運送意外 | 屬於不可抗力 | 保險公司 |
| | 外圍交通動線不佳，設備材料運送困難（如路寬、限高及迴轉半徑限制） | 投標前事先至現場勘查規畫動線 | 製造商／運輸商／統包商（本工程承包廠商） |
| | 點交不確實、材料短缺 | 送抵工地立即開箱查驗是否短缺 | 製造商／統包商（本工程承包廠商） |
| | 設備材料運送途中損壞 | 送抵工地立即開箱查驗是否損壞 | 運輸商／保險公司 |

| | 建廠可能的風險／問題 | 規避風險方式 | 風險承擔者 |
|---|---|---|---|
| 建造／安裝階段 | 建造安裝廠商未能履約風險 | | |
| | 公司沒有動員出工能力 | 1.契約中的履約條款載明權利義務。<br>2.簽約前詳細調查。 | 統包商（本工程承包廠商） |
| | 公司沒有財務周轉能力 | 1.契約中的履約條款載明權利義務。<br>2.簽約前詳細調查。 | 統包商（本工程承包廠商） |
| | 工程師沒有類似廠建造安裝經驗 | 1.契約中的履約條款載明權利義務。<br>2.簽約前詳細調查。 | 統包商（本工程承包廠商） |
| | 工程師沒有檔案、品質、時程管理能力 | 1.契約中的履約條款載明權利義務。<br>2.簽約前詳細調查。 | 統包商（本工程承包廠商） |

（方偉光技師／製表）

## 第二節　風險管理與應變計畫

前述的「風險登記簿」，除了將「風險」予以辨識，並能描述其可能造成的影響，若再進一步的描述如何規避此風險，以及萬一無法規避時，應採取何種措施，詳細的將應變步驟以「標準作業程序」方式來訂定，所完成的計畫就是所謂的「應變計畫」。「應變計畫」所述都是可能發生風險所需之備選應變方案，應該越詳細越好。各個可能的方案中，應由許多連串的行動或步驟組成，並以「人、事、時、地、物」，「Who, What, When, Where, How, How much」等方式詳細敘述決策目標爲何，解決方案由何人負責、在什麼時間、地點內，採取什麼行動。

擬定應變計畫的原則是將對專案目標之達成，有正面影響之事件的發生機率與其結果予以極大化，及對專案有負面影響之事件的發生機率與衝擊降到最小。

由於意外事件一旦發生時，若組織無法立即動員並予以妥善處理，其可能造成連鎖性的影響，最終需花費極大的成本才能收拾善後。因此，事先擬定可辨識風險的應變計畫，可以在風險發生前予以消弭，萬一有意外發生時，可立即有所行動，大幅降低風險發生時採取行動所需花費的成本。

在擬定風險管理與應變計畫時，需把握一個原則，對於風險分擔，應以「誰有能力控制風險，即應由誰負擔」爲原則。這個原則應在規畫設計階段或進行工程發包，擬定分包計畫時即應開始考慮。亦即分包時，應選擇有經驗，有能力，且具有競爭力的分包廠商，可以降低工程風險。對於不能控制的風險或天災不可抗力則應以保險來分擔風險。

風險與應變計畫，在工程備標階段時，其實應該已經列入決策者的考慮中，只是大多數的決策者僅把風險考量列入個人思考中，未能以書面呈現。比較有制度的作法，應該是公司有一份制式的風險登記簿，將所有類似工程可能的風險以條列式的檢核表方式呈現，在備標時，應有合約工程師逐條檢討工程合約，並比對風險登記簿中的可能風險，查核風險若發生時，依據合約由何人承擔。

風險承擔是指當風險發生時，承受此風險對建廠專案所造成的時程延誤影響以及金錢的損失。但在實際操作上，風險損失還可分成直接損失以及衍生損失兩個層次。

**1. 直接損失（direct damage）**

指風險發生後，還原到原來狀態時，所需清理以及重置的費用損失，包括必要的現場清理，以及設備、設施和建物的修繕或重新製造／建造所需之費用。通常在保險合約中，保險公司只承擔直接損失。

**2. 衍生損失（consequent damage）**

指因風險發生後，因清理或重置造成工廠完工時程延誤所衍生的相關損失。對業主而言，完工時程延誤將造成其產品上市日期延誤；對統包商而言，完工時程延誤將造成其建廠成本增加，亦可能面對其他下包商的求償。一般合約中，若屬不可抗力之風險，業主僅承擔業主方的衍生損失，亦即承擔（核准）屬於要徑上的工期展延，不承擔承包商的衍生損失。但實際情形各個合約可能會有不同，需在投標時或簽約時特別加以注意。

在投標階段，公司決策者除了需要詳讀邀標書的合約條款外，還應派遣相關人員至現場勘查，調查業主的財務及信用狀況，了解此工程的所有風險後，綜合所有的建廠工程風險考量，以決定是否承擔風險，投標此工程。值得注意的是，太多的風險考量亦可能會錯失了承接建廠專案的機會，俗話說的好，「秀才造反，三年不成」也是這個道理，因此如何權衡以及承擔風險，是決策者必須承擔的責任。

## 第三節　應變之決策分析

當建廠工程開始進行後，若已經完成所有風險的應變計畫，風險事故一旦發生時，依據應變計畫，建廠工程組織均可依據職責，立即進行應變處置。但是應變處置到一定程度時，會有決策問題點出現，等待決策高層做決策。以下說明進行決策時，應有的決策分析程序，以及決策分析的方法、技術、目標與策略考量。

公司高層做決策前，必須由工地或是幕僚先進行決策分析，決策分析最終目標是在找出一個可行的解決方案，然後作出理性的決策，因此決策的程序是相當重要的。

緊急應變決策應有的程序如下：

**1.確認問題**

風險事故發生後，必須立即由工地現場回報，確定問題出現的原因在那裏？是內部環境因素造成的？或是外部環境因素造成的？同時盡可能的釐清事故發生的責任，以及風險承擔者。

**2.辨識決策目標**

呈給決策者做決策的報告中，必須將決策目標定義的很明確，亦即考量的目標是成本？時程？或品質？或是三者權衡？亦或是決定專案是否要繼續運作下去？

3. **建立解決問題的方案**

當面臨問題時，必須盡可能搜尋解決問題的可行方案。如果可行方案越多，決策的空間就越寬廣。解決方案必須爲全面性，可操作的方案，亦即需考慮到衍生影響的配套措施。

4. **建構解題模式**

可行方案建立之後，即可進行建構解題模式的建立。一般在學術理論上，風險發生後的應變模式可區分爲問題架構模式、不確定模式、偏好模式等，但這些模式大都用在建構大型災變的解題模式。以建廠工程而言，解題模式相對簡單，主要輸入變數爲災變清理及停工影響之工期以及重建工期，清理費用、人員醫療賠償費用，重建費用，輸入參數爲工程延誤時的合約罰款，工程延誤期間之人事及管理成本等。需得到的輸出結果爲對總體時程的影響，以及對總體成本或預算的影響。其所需參考的模式爲專案成本資料庫，專案時程表（電腦時程 CPM 分析程式）。

5. **敏感度分析**

將影響決策模式結果的決策變數予以調變之後，觀察其對結果變動的影響。例如說，某方案要求協力廠商延長工作時間，則其敏感度分析應爲每延長一小時，增加之加班費成本若干？可縮短工期若干？可減少因災變影響而可能衍生之逾期罰金若干？由此敏感度分析，可得出建議發放加班費或趕工獎金之最佳化結果，以避免工程逾期。

6. **選定方案優先順序**

從各可行方案的敏感度分析結果，即可決定可行方案的優劣，依據此一優劣，排列其優先順序，作爲決策選取的依據。

7. **確定方案是否需要進一步分析**

如果分析結果不滿意時，則可以針對決策程序有必要再進一步分析的任何一個過程，進行更進一步的分析。有時候，站在專案決策制高點上的決策人員，可以看到原方案提出者的盲點，因此亦可以提出原應變方案的重新組合，作爲新的方案，重新進行分析。

**8. 結束**

決策分析結束之後，接下來就是執行決策所決定之解決方案。

圖 13-2 爲決策應有程序之流程圖。

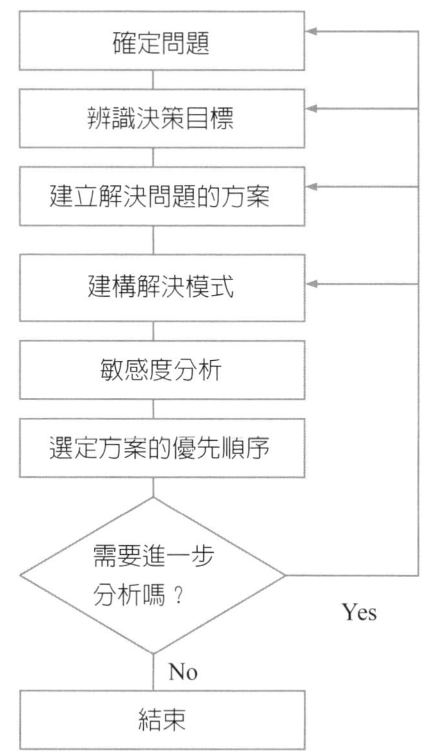


圖 13-2　緊急應變決策流程圖。
（方偉光技師／製圖）

## 第四節　決策分析的方法、技術與目標

在進行應變的決策分析時，有一些分析方法的分類觀念闡述如下，可以作爲決策分析的參考。

## 一、分析的方法

**1. 敘述性分析**

係指對事實眞相的描述、比較與分析，不涉及價值的判斷。

**2. 規範性分析**

以如何方能達到理想狀況，它提供決策的指引方向與如何執行的方法。

## 二、分析的技術

**1. 定性分析**

定性分析不以數字表示，但是它能夠應用邏輯關係來說明，如工程師與工人士氣、專案目標以及公司商譽等即屬之。

**2. 定量分析**

定量分析則是以數字分析作爲分析工具，例如加班時數、工作效率，責任分攤金額等即屬之。

## 三、分析的目標

**1. 單一目標**

單一目標決策以單一目標線性規畫爲代表，如追求最小損失或最大利潤等。

**2. 多目標**

尋求一個較佳或最佳的行動方案。

大多數的建廠工程風險應變分析都可化約爲單一目標，亦即追求最小損失或最大利潤。其原因是對建廠工程應達成的三大目標：時程、成本及品質而言，當遇到風險造成品質（必須修改或重做）或時程問題（應變風險所需之額外時間）時，均可依據業主或下包商的合約，將時程及品質之影響，化約爲合約金額或賠償金額。

通常採取多目標分析時，均爲決策者主觀的認定，需同時考慮其他非金錢衡量之標準，或其他戰略性考量，決策者必須提出非金錢衡量之目標，幕僚作業才能依據目標提出可行的執行方案。

## 第五節　應變計畫之四種策略考量ATMA

在擬定「應變計畫」時，對於風險問題本身，必須有所應對，此應對通常有四種考量，亦即「規避」、「移轉」、「減輕」或「承擔」。分別說明如下：

1. **規避（Avoidance）**

以改變專案計畫來消除風險，或防止風險對專案目標所造成的影響。例如在投標階段即提出替代方案，請業主核准後列入合約，以規避業主規畫的製程或設備所隱藏不能達成合約中功能測試標準的風險。

2. **轉移（Transfer）**

藉由尋求第三者共同擁有風險回應之責任，而將風險所可能造成的結果移轉。例如以保險（如工程綜合營造險），將風險移轉給保險公司。

3. **減輕（Mitigation）**

尋求將負面影響之風險事件發生的機率及／或結果，降低到可接受的門檻。例如增聘專業顧問負責審核設計公司的設計圖，以減輕設計風險。有些公司會將建造工作提早發包（設計未完成，以合約單價方式訂定合約），由負責建造的營造廠在設計階段就負責審核設計公司或建築師的設計圖，以減輕設計圖不完整或不正確的風險。

4. **承擔（Acceptance）**

表示專案團隊決定不因爲處理風險而改變專案計畫或是不採行任何其他修正的回應策略。

承擔不只需承擔直接損失，承擔還表示需承擔可能的衍生損失，這些損失專案團對必須事先考慮清楚。

圖 13-3 爲建廠工程營建工地的緊急應變程序範例簡圖，通常這類程序圖會再加上醫院、警察局及消防隊等緊急聯絡電話，並貼在工務所明顯的地方。

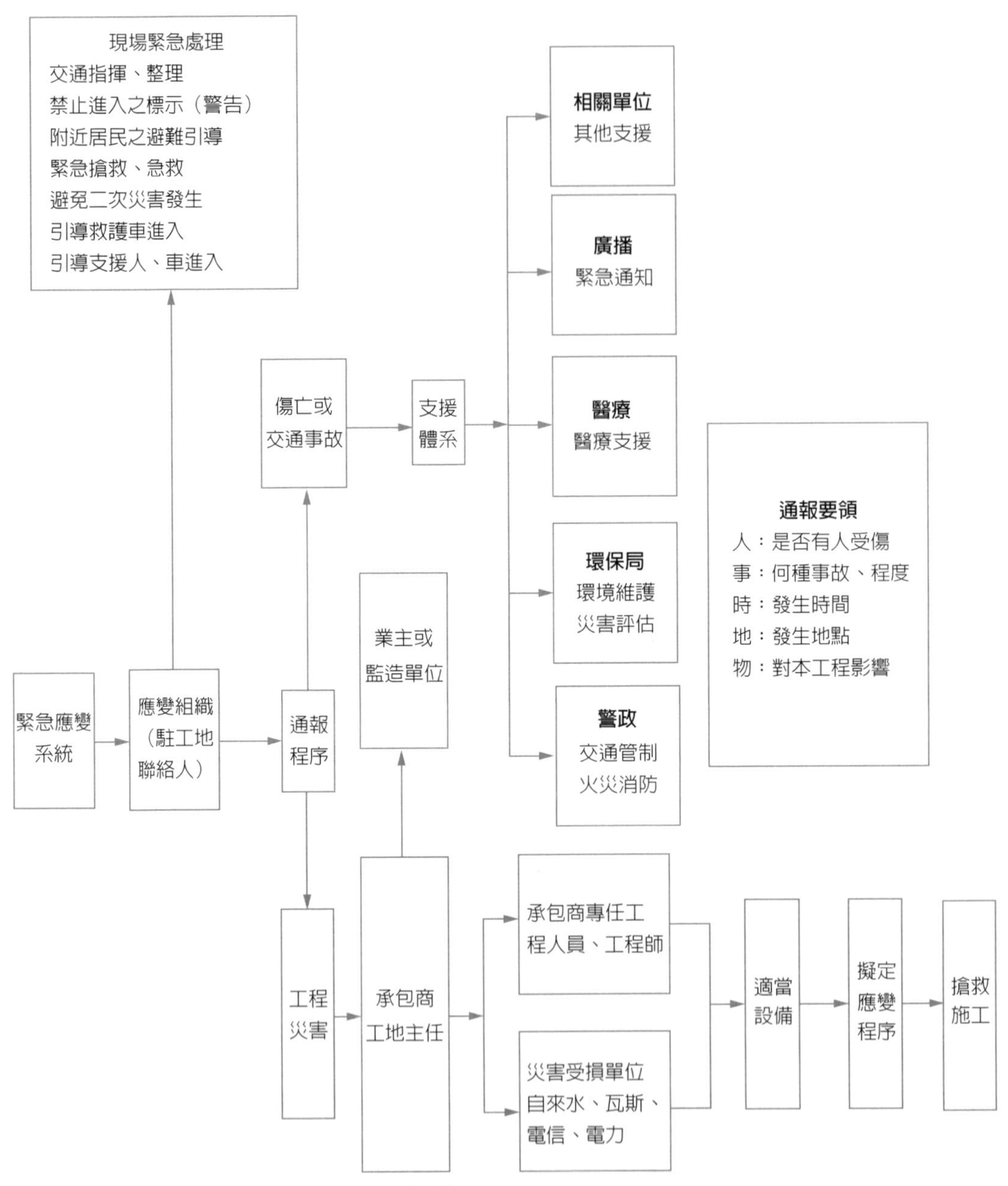


圖 13-3　營建工地緊急應變計畫（範例）。
（九碁工程技術顧問有限公司提供）

# 第六節　假設案例：大面積挑高樓板灌漿失敗的工安意外

1. 意外經過：某大型火力發電廠工地，廠房大樓內有一大面積挑高樓板，在灌漿時發生鷹架倒塌意外，造成其上之施工工人自高空墜落且被倒塌鷹架及水泥漿壓住，死傷人數未知，估計至少十多人。
2. 意外處理經過：意外發生的第一時間，工地經理立即宣布啓動緊急應變計畫，依據應變計畫第 S-025 程序，各動員組織立即開始行動如下：

## 一、事情發生後十分鐘內：工地危機立即處理階段

1. 工地經理立即至現場指揮搶救工作，當救護車到達時，立即將搶救出來的傷者送醫，並派人隨車看護，隨時回報傷勢狀況。同時派人查出可能傷亡者姓名，並由工安衛檔案中調閱查出其緊急聯絡人，通知緊急聯絡人前往醫院。
2. 工安經理立即撥手機（依程序早已將相關電話鍵入）通知地區緊急醫療網，當地警察機關，當地工安主管機關，本工程業主以及通知大門警衛放行救災及勘災人員進出。同時立即封鎖現場，避免閒雜圍觀人員妨礙救災。
3. 控制經理立即將緊急應變計畫第 S-025 程序印出三份，一份交給工地經理，一份交工安經理，一份留置參考，作爲擔任後勤調度指揮中心及擔任工地發言人之用。同時將應變計畫職責表印發所有相關人員一份。此外，依程序立即通知公司，擔任公司與工地聯絡人，通知保險公司請其至工地商討理賠事宜。

## 二、事情發生一小時內：工地緊急應變階段

1. 工安經理調查事故可能的原因，確切的傷亡人數及人員資料，回報給工地經理轉知主管機關及業主。傷亡人數確認後，趕往各傷者送往之醫院，慰問並確認所有傷者都有受到良好照顧。

2. 工地經理在事故現場協助防災救難主管機關搶救傷者，得知有人員死亡後，依 S-025 程序立即宣布工地暫時停工，全面檢討工安程序與工安設施。同時依程序，以接受記者採訪或依業主要求召開記者會，發言必須簡短「沉著而冷靜的宣示公司立場，並強調公司將給予傷者最好的醫療救助，並保證會妥善處理所有善後事宜」。
3. 控制經理招呼聞訊而來的記者，主動給予記者必要的協助，告知公司事故處理程序與政策。開始研擬事故經過報告，釐清事故責任，依程序 24 小時內需完成初稿並回報公司。
4. 建造經理開始評估損失，擬定後續善後工程所需的復原計畫，預估復原所需時間及經費。依程序 24 小時內需完成初稿並回報公司。

## 三、事情發生一天內：解決問題及設定解決方案階段

1. 工地經理代表公司至醫院逐一探視傷者，慰問家屬，同時依程序授權額度致贈慰問金（輕傷者一萬元，重傷者五萬元，死亡者二十萬元）。經內部調查確認此事故為單一事件，工地其餘工區工安沒有問題後，與主管機關協調，主管機關同意不需停工。宣布工地除災區範圍內，全部復工。
2. 工安經理持續主動協助處理傷者的醫療以及死亡者的喪葬問題。依 S-025 程序之執行要點，逐一完成相關應辦事項。
3. 控制經理完成事故經過及調查初步報告送公司。陪同保險公司與傷亡者家屬開始討論理賠事宜。至現場拍照，蒐集保險理賠應檢附資料。
4. 建造經理完成事故損失報告及復原計畫初稿送公司。開始進行現場清理工作。

## 四、事情發生三天內：決策分析以及決策階段

(一) 工地經理詳細核閱了控制經理及建造經理的報告，完成最後修訂之「事故經過報告」與「事故損失報告及復原計畫」送公司核定，確認事故

責任為模板包商（工地需負檢核不確實的責任，但依據合約及事實論定，此次事故為模板支撐施工品質問題），現場清理所需費用 40 萬元，重建所需費用 1600 萬元可以申請保險支付（但公司需支付事故損失自負額 500 萬元），重建所需時間 45 工作天。

㈡此外，由於此廠房大樓位於工程要徑，此次倒塌影響，將影響完工日期延後約 50 天，以每日逾期罰金為合約總價之 0.1% 計算，可能衍生的逾期罰金將達 3 億（此合約無逾期罰款上限）。展延工期期間，設備倉儲費用及工地開支費用每月需要 300 萬元。針對如何減輕此可能之影響，工地提報了執行計畫方案送公司裁示。

㈢工地經理動用預備金，已經將工地災區清理完成。

㈣公司接獲工地報告後，立即請工地經理回公司，召開危機處理應變會議，討論各應變方案。結論如下：

1. 由公司承擔此次風險所造成之影響，但須將影響減至最輕。
2. 釐清責任及損失責任追究部分：暫停模板包商的請款作業，由公司法務人員接手與其談判損失賠償問題。
3. 復原計畫：採取工地建議之方案 A，以發放趕工獎金及加班費方式趕工，以避免逾期罰金及其他工期展延衍生費用。概要如下：
   ⑴鋼筋與模板工程在復工時，改採取二班制，一天 16 小時方式趕工，以節省至少 20 天工期。
   ⑵室內裝修工程與機電工程由原先規畫之先後施作，改成同時開始施作（裝修工程改為夜間施工，以避免工作衝突），可以節省原裝修工期 15 天。
   ⑶機電工程延長工作時間（改為一天 12 小時），可以節省 15 天工期。
   ⑷相關趕工獎金及加班費，其費用約150萬元以工程預備金預算支用。
   ⑸本工程各權責單位，仍應繼續依據 S-025 程序及其注意要點處理後續善後事宜。

## 五、事情發生一週內：決策執行及善後階段

1. 全部復原計畫簽准定案，並依據計畫進行。
2. 復原工作業已開始，並持續進行。
3. 保險理賠作業已開始，並持續進行。

以上用一個假設事故及事故發生後的應變故事來說明，事先若有應變計畫，或是事先準備好事故發生時之標準作業程序，可以在事故發生當下，各單位採取立即的行動，且能有條不紊的處理突發事故，事故發生後亦能快速的提出解決方案，以降低此風險發生後的影響。

# 第七節　結論

建廠工程的風險管理，是營造廠或工程公司決策者最重要的工作之一，要能做好風險管理，首先要將所有可能的風險予以充分的辨識，同時將可辨識的風險予以控制，將不可控制以及不可承擔的風險以保險或其他方式轉移給保險公司或其他承擔者。萬一風險事故發生時，即以事先準備好的應變計畫，以及緊急應變標準作業程序來進行管控。

同時，在專案管理中，整個組織必須要有靈活的應變能力，一方面依賴專案經理人的經驗之外，還要隨時對各種差異現象加以監測、控制，隨時根據變化的條件調整方案，針對出現的新問題提出解決方案。

總之，以「無恃敵之不來，恃吾有以待之」的態度來面對風險管理課題，是進行風險管理及應變的最高指導原則。

## 問題與討論

1. 工程風險若以辨識、控制與承擔來分類，應如何分類？
2. 風險管理的三個層次可稱為風險管理三部曲，是哪三部曲？
3. 進行風險管理的第一步是辨識風險，在此「風險登記簿」扮演怎樣的角色？
4. 風險應變計畫的四種考量 ATMA，是哪四種考量？
5. 風險管控最重要的一步就是風險辨識與預防，經過辨識後，工地墜落事件和感電是較常發生的事故，為了預防建廠工程工地的墜落事件與感電危險，該如何預防？

# 第十四章
# 建廠文件自動化與管理資訊整合

## 重點摘要

建廠工程營建管理自動化，是營造廠工地主任及工程公司的建廠專案經理在進行專案管理時，必備的知識與技能。然而，除了幾個大型的工程公司及營造廠，有其公司發展的營建管理套裝軟體來進行營建管理外，一般的中小型公司，甚至包括大部分的甲級營造廠，其營建管理自動化仍然局限在工程師個人以 Microsoft Excel 試算表軟體來進行簡單的日誌撰寫、材料登錄、計價計算及匯總等工作，對於營建管理自動化只能說達成了一半。因此，如何建立一個簡單而易操作的系統，能整合所有的建廠工程營建資訊，同時列印出業主要求的以及管理階層所需的管理報表，是本書最後要探討的主題。

## 第一節　營建工程管理系統特性

以電腦建立管理資訊系統來進行各項管理工作，這 20 年來發展迅速，已取得非常大的成就，尤其是各百貨商場、製造工廠以及各行業的人事會計整合系統等，都已經有很成熟且廣泛性的應用，唯有營造業營建管理自動化，雖然已經發展了很多很好的套裝系統軟體，且已有許多應用實績，但仍然無法推廣到每一個工地，其主要的原因是因爲營造業以及營建工程的特性和其他行業有所不同，其主要特點如下：

### 1. 建廠工程營造業因業主不同，無法以固定的制式報表應付每一個工程

營造業承包的工程，尤其是公共工程，要求的報告、報表很多。單單

就最常面對的日報表以及計價請款文件，各縣市要求都不同，中央與地方工程亦有差異。因此每一個新接手的工程幾乎都需要針對不同的業主提交不同格式的報表，無法取用設計好的制式報表。

**2.建廠工程營造業因工程種類不同，無法用既存的制式資料庫應付每一種工程**

營造業需要管理的項目，不外時程、費用以及材料、人力物力資源等。然而不同的營建工程，如建房屋、蓋工廠和建馬路、挖隧道……等，其使用之資源、材料、協力包商及分工方式均不同，很難用一個制式的資料庫涵蓋每一個工程。因此每一個新接手的工程幾乎都需要針對不同的工作，建立不同的資料庫，無法單純的套用既有的資料庫。

**3.建廠工程營造業因工程師流動性大，很難貫徹公司的管理資訊系統至每一個工程師**

營造業由於常需轉換工地，工作辛苦，工程師流動性很大。再加上所需要的工程師需要有相當的專業及經驗，能獨當一面，因此幾乎很難要求工程師重新學習公司既有的管理資訊系統來進行工程管理。

由於以上因素，除了大型且較有制度的工程公司有發展其營建管理自動化系統，且有專人負責更新及資料輸入，並能持續的使用外，大部分的公司或是曾經買過，或自行研發資料庫套裝軟體，但最終都未能成功，營建管理只能靠個別工程師運用 MS Excel 製作零散的報表應付日常的工作，限於工程師缺乏資料庫的觀念及其應用，資訊無法整合運用，營建管理自動化亦無法升級。

## 第二節 營建數據處理常見的困境及缺失

目前國內營造業的工程師，根據不同業主需求及不同工程內容需求，運用 MS Excel 製作零散的報表應付日常的工作，雖然能滿足一般的中小型營建工程，但仍有以下的困境及缺失無法突破：

1. 營建數據資料散布於各個 Excel 報表中，無法當下進行統計分析及整合運用。
2. 關連性的資訊分散在零散的表格以及電腦檔案中，當有需要相互連結或參照時，執行上非常困難。
3. 大量的報表歸檔後，爲了查詢或管理需要，又需另行製作索引，浪費人力。
4. 數據資料、報表及索引分別製作時，又可能因輸入錯誤，造成彼此數據不一致。
5. 當工程結束後，大量歸檔資料無法消化並引用至結案報告中，亦無法作爲後續工程之借鑑。

基於以上的缺失，國內許多工程師儘管能力很強，有許多年工程經驗，但一旦面對有大量管理數據、整合介面及需要許多報告、報表的大型工程、機電建廠工程或者公共工程時，管理上就會顯得捉襟見肘。除非有充足的人力及嚴密的組織文化來進行，否則常見的情況是平常要找一份公文或品管記錄遍尋不著，一旦主管機關要進行品管查核或評鑑時，又要加班補充品管表格、製作索引、匯總統計相關數據，並整理文件。工程完成結案後，有制度的公司會要求提報結案報告，工程師又得忙數天甚至十數天去翻檔案、整理資料、計算數據並寫報告。沒有制度的公司則將所有檔案歸檔封存，經驗永遠無法傳承。

## 第三節　三個觀念建立一個完整的解決方案

要改善以上的困境及缺失，其實不困難。工程師只要會使用 Excel 及 Word，利用以下三個觀念及其實務上的作法，可以逐步建立整個工程的「個性化營建管理資訊整合系統」，一次解決上述的所有問題。三個觀念及其實務作法分述如圖 14-1、圖 14-2：

以資料庫形式記錄所有工程資訊 → 所有資料都應連接資料庫 → 資料庫之間應能連接參照

圖 14-1　三個觀念建立營建管理資訊整合系統。
（方偉光技師／製圖）

以三個觀念，輕易的利用 MS Word 以及 MS Excel
來建立「個性化營建管理資訊整合系統」

觀念一：永遠用 Excel 資料清單來記錄所有的工程資訊（包括人、事、時、地、物、單位、數量、金額……等。）

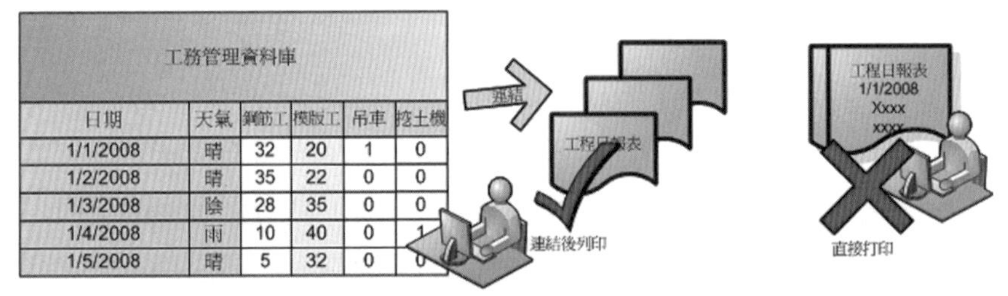

工務管理資料庫

| 日期 | 天氣 | 鋼筋工 | 模版工 | 吊車 | 挖土機 |
| --- | --- | --- | --- | --- | --- |
| 1/1/2008 | 晴 | 32 | 20 | 1 | 0 |
| 1/2/2008 | 晴 | 35 | 22 | 0 | 0 |
| 1/3/2008 | 陰 | 28 | 35 | 0 | 0 |
| 1/4/2008 | 雨 | 10 | 40 | 0 | 1 |
| 1/5/2008 | 晴 | 5 | 32 | 0 | 0 |



要訣：所有的工程資料應放在資料庫中，不要放在單一報告或報表中

觀念二：所有文件報表所需資訊均應連結自資料庫。

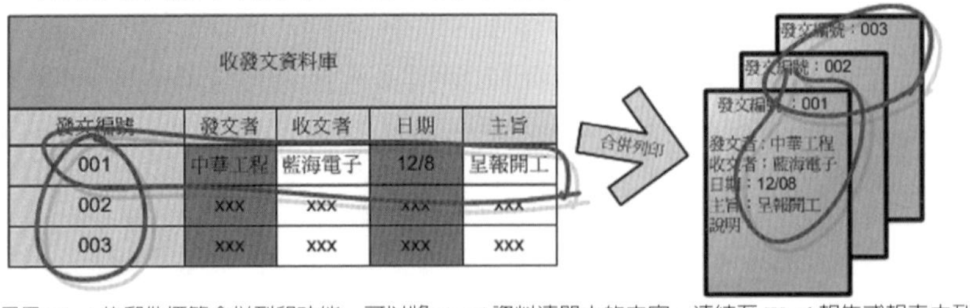

收發文資料庫

| 發文編號 | 發文者 | 收文者 | 日期 | 主旨 |
| --- | --- | --- | --- | --- |
| 001 | 中華工程 | 藍海電子 | 12/8 | 呈報開工 |
| 002 | xxx | xxx | xxx | xxx |
| 003 | xxx | xxx | xxx | xxx |



要訣：另用 Word 的郵件標籤合併列印功能，可以將 Excel 資料清單中的內容，連結至 Word 報告或報表中列印出來

觀念三：資料庫與資料庫之間彼此能相互連結參照

進度及計價資料庫

| 工項ID | 承包商 | 1月進度 | 1月累計 | 2月進度 | 2月累計 |
| --- | --- | --- | --- | --- | --- |
| A01 鋼筋 | 威海 | 10% | 30% | 5% | 35% |
| A02 鋼筋 | 威海 | 0% | 20% | 0% | 20% |
| B01 模版 | 台勝 | 5% | 15% | 0% | 15% |
| B02 模版 | 台勝 | 3% | 18% | 0% | 18% |
| C01 鋼構 | 長榮 | 2% | 12% | 5% | 17% |

Vlookup →

品管報告資料庫

| 工項ID | 編號 | 日期 | 承包商 | 圖說 | 結果 |
| --- | --- | --- | --- | --- | --- |
| A01 鋼筋 | A-32 | 2/8 | 威海 | xx1 | 合格 |
| B01模版 | B-35 | 2/15 | 台勝 | xy1 | 合格 |
| C01 鋼構 | C-04 | 3/1 | 長榮 | xz1 | 合格 |
| A01 鋼筋 | A-33 | 3/2 | 威海 | xx2 | 合格 |
| E01 進水泵 | E-01 | 3/5 | 勝原 | zz1 | 合格 |

要訣：另用 Excel 中 Vlookup 等函數功能，可以將各 Excel 資料清單予以連結，或編輯成報表以便列印

圖 14-2　以三個觀念逐步建立個人個性化的管理資訊系統。
（方偉光技師／製圖）

## 一、永遠以資料庫形式記錄所有工程資訊

所謂的資料庫，就是將數據以行、列等欄位儲存後，能夠進行篩選、排序、匯總及分析等功能。傳統上，資料庫都要靠資訊工程師以 Access, FoxPro，甚至 Dbase 等軟體撰寫好應用程式後才能使用，而對營造業如此作法往往緩不濟急。在實務上，直接使用 Excel 中的資料庫（Excel 中又稱為資料清單）功能，足以應用在營建工程管理上。

實務作法如下：

1. 將工程管理上所需的所有數據，建立在 Excel 的資料清單中，並持之以恆的維護更新，此資料清單需置放於工地網路的伺服器（Server），以便眾人可以查詢及使用。
2. 預先規畫好資料清單的內容及架構。由於資料性質，以及職務上的分工的不同，在規畫資料清單時，可以考慮將不同性質的資料予以分開。例如初步可將工務、品管、計價、來往文件等資訊予以分開，由不同的主辦工程師輸入數據而建立不同的資料清單。
3. 為了日後能夠將相關數據予以分析統計，因此當各類資料庫清單規畫好後，應盡量將所有的數據，包括人、事、時、地、物、單位、數量等資訊，建立在單一的資料清單，而非多個清單（Sheet），甚至多個檔案（File）上。
4. 各類資料清單規畫好後，即應逐日輸入並持續更新資料。同時可利用 Excel 的處理資料的相關功能如「彙總」、「篩選」、「自動篩選」、「排序」、「小計」、「大綱」、「資料驗證」……等來進行工程管理，並根據數據分析結果來進行決策。
5. 各類資料清單在工程進行中，隨時可以用「自動篩選」的功能來檢索所需資料，必要時還可以將其中的資料經篩選或排序後予以列印出來，作為管理報表或者索引使用。在工程結束後，亦可以輕易的進行彙總、分析、及統計等工作，將結果直接應用於結案報告中。

## 二、所有文件報表所需資訊均應連結到資料庫

運用上述 Excel 所建立的資料清單雖然可以輕易的處理所有的工程數據與資料，但許多文件、報表、報告等，因其所需的印出格式複雜，仍需要以文件編輯軟體 Word 來編輯及列印。因此要建立的第二個觀念就是所有工程例行（Routine）文件、報表所需資訊，均應連結並取自已建立之資料庫。先建立資料庫後，再與 Word 文件連結的觀念，就好比先建立姓名地址等郵遞資料庫後，利用 Word 的合併列印功能，予以連結後列印出郵遞標籤一樣。

實務作法如下：

1. 以 Excel 建立工程管理資料庫，一般建議可以分別建立「來往文件資料清單」、「工務管理資料庫」、「品管表單資料庫」、「計價請款資料庫」等。
2. 針對工程需求，以 Word 逐步建立工程所需之例行文件、報表。如發文函件、工程日誌、品管表單、請款單、月報表……等範本。
3. 利用 Word「合併列印」的功能（Word 指令中用以連結資料庫欄位，將資料庫中各筆紀錄之資料項插入到 Word 文件，進而可合併列印單筆或者多筆資料庫紀錄的功能），將已建立好的 Excel 工程管理資料清單與所需印出的例行文件、報表予以連結。
4. 平日持續輸入資料至 Excel 資料清單中，同時並由 Word 列印出所需的文件或表單。由於 Excel 中的資料與 Word 文件或表單中的資料是一致的，因此當 Word 文件或表單歸檔後，若需列印索引，或者需要統計分析時，直接取材並列印自 Excel 資料清單即可。

## 三、資料庫與資料庫之間彼此能互連結參照

除了建立資料庫，建立文件與資料庫的連結，第三個要建立的觀念與作法，是要建立資料庫與資料庫之間的連結。亦即相關連的資料庫之間應能相互連結參照。如果說第二個觀念是利用郵遞標籤合併列印的方式連結

Word 文件與 Excel 資料庫，第三個觀念就是利用 Excel 的函數 Vlookup（有時候是 Hlookup）傳遞關鍵資料項的關連資料的方式，連結 Excel 與 Excel 之間的資料清單。亦即只要資料庫之間有相同的資料項欄位（如「工務管理資料庫」、「品管表單資料庫」、「計價請款資料庫」這三個資料庫都有「工項」這個欄位）彼此間就可以 Vlookup 等函數互相傳遞資料庫內的數據，並相互連結參照，可以彈性且迅速的引用蒐集相關資料，快速的完成管理所需的報表。

實務作法如下：

1. 在營建工程一開始時，就以 Excel 先建立一個「主核心資料庫（Master List）」，此主核心資料庫內的欄位最少有「工項」、「工項 ID」、「單位」、「數量」、「工項合約價格」、「協力廠商」等。其中「工項」應取自與業主合約中的工程詳細價目表，如果合約中未訂定，則應先自行編定工作分項架構（Work Breakdown Structure, WBS），再將 WBS 最細的工作項目編定「工項 ID」。此「工項 ID」應爲資料庫觀念中的「關鍵資料欄（Key Item）」，亦即此欄位中的資料是唯一、沒有重複的。
2. 上述「主核心資料庫」設定的目的，在於統一「關鍵資料欄」中的資料內容，以便將來資料庫之間可以連結參照。因此「主核心資料庫」可以不只有一個，並可以在需要時，陸續建立。例如說要建立工地的人事管理系統，則可建立包括「姓名 ID」、「姓名」、「電話」等在內資料表。而在有設備安裝的建廠工程中，「設備 ID 編號（Tag Number）」、「儀表 ID 編號」等，亦可等其確認後，編定爲關鍵資料欄之一。
3. 其後任何人因工作需要，即使在不同的時間需建立或製作其他的資料清單內容時（例如設計部門要製作設備材料採購清單，品管部門要發展品管相關報表，工務需建立工務管理資料庫，控制部門需設計出計價請款表單，會計單位需彙整工程會計帳……等），只要是「關鍵資料欄」都取自主核心資料庫，亦即大家都使用相同的 ID 編號，如「工項 ID」、「會計科目 ID」、「設備 ID」等時，Excel 中的函數 Vlookup 就可以發揮資料庫之間相互連結的功能。

4. 例如說向業主計價請款時，需建立計價請款資料庫，資料中有數千筆工項 ID、以及各工項可計價款項等。等到報告送出後，業主對計價請款報告還有意見，認爲其中還需列出各工項的品管報告編號。此時不需一筆一筆鍵入品管報告編號，只要利用 Excel 函數中 Vlookup 的功能，可以在數秒內，將品管資料庫中，相同工項 ID 的品管報告編號、名稱、日期等資料傳入計價請款報告，在數秒內達成這個目標。
5. 另外一個應用的例子是假設已建立好 Excel「工務管理資料庫」，並可逐日輸入數據後，業主要求每日塡報並以 E-mail 回傳的工程日誌格式也是 Excel，此時無法用 Word 文件以第二個觀念與作法來達成，但仍舊可以用 Excel 以第三個觀念與作法來達成；亦即將日期作爲「關鍵資料欄」，以 Vlookup 或 Hlookup 函數（視所建資料庫結構而定）以連結「工務管理資料庫」至工程日誌表單中，將相同日期的相關數據傳至工程日誌表單相關欄位中即可輕易完成。

## 第四節　「個性化營建管理資訊整合系統」的特點

用以上三個觀念及作法所建立的「個性化營建管理資訊整合系統」有以下五個特點：

1. 整個系統用 Excel 及 Word 即可進行，這兩個軟體絕大部分工程師都會使用，不需靠軟體工程師撰寫資料庫程式，只要學會「合併列印」及「Vlookup」等兩套指令即可上手，很容易推廣，很適用於營造業因應不同工程及不同業主所需建立之個性化文件。
2. 整個系統可以在工程進行中逐步建立，只要持續維護好應建立的資料庫，並訂好「關鍵資料欄」中資料的格式，其後所需要的文件表單，無論是 Word 格式或 Excel 格式，都可以隨時連結資料隨時列印，亦可以隨時編輯內容，彈性很大，客製化及包容性很高，很容易與舊有文件系統接軌。

3. 由於需持續性的建立並維護相關資料庫以列印例行管理所需之報表，因此工程結束後，有數個完整的資料庫可以供統計分析使用，無論是成本分析、損益分析、施工效率分析及施工策略檢討等，都可輕易的完成。對於後續類似工程極有助益，可迅速累積個人及公司經驗與資產。
4. 由於例行印出的文件、報表都出於所連結的資料庫，因此不需另行製作索引，可以節省時間，而索引的正確率是 100%，可以減少校對時間，並增加效率超過 30% 以上。結案後，若有工程爭議需處理時，對於成篇累牘的文件，可以用資料庫以關鍵字搜尋，快速的調閱出檔案。
5. 在建立此管理資訊系統時，可以靠一個觀念清楚的工程師，在短期內就建立，而只要觀念與作法一致，亦可靠多個工程師共同合作建立。其系統建立的程序和工程規模無關，只要工地有電腦伺服器及網路，此系統可以應用到 3000 萬元的中小型工程，也可以應用到 300 億的大工程。

## 第五節　建立「個性化營建管理資訊整合系統」的關鍵

建立「個性化營建管理資訊整合系統」，有以下四個關鍵：

1. 所有營建管理每日所面臨的資料及數據，無論是人、事、時、地、物、單位、數量、金額、……等，都應該持之以恆的輸入至已設計好格式的 Excel 資料清單中。管理者需念茲在茲的就是這些資料與數據是否正確且即時的輸入至相關的資料庫。
2. 當工程相對龐大或有不同協力廠商或單位共同參與，無法單獨由一個人輸入所有資料至資料庫時，需在工程一開始時就建立標準資料庫格式，要求下游廠商或單位將所需填報之管理數據輸入至相同格式的資料庫中，以便彙整。

3. 所有資料庫中，必要的「關鍵資料欄」應及早建立（如工項 ID，會計科目 ID，設備代碼 ID，……），同時嚴格要求相關部門、協力廠商在提送相關報表時，必須使用正確的資料名稱或代號。
4. 所有管理所需出版的文件、報表，理論上均可以藉由 Word 軟體中的「合併列印」功能，將已建好資料庫中的資料傳至 Word 文件中，或者藉由 Excel 軟體中的 Vlookup 等函數，將已建好資料庫中的資料傳至 Excel 表單中。因此，管理者應深切考慮，所有例行所需之管理報表，均應以此方式逐步建立，將文件、表單與資料庫結合成一個「管理資訊整合系統」。

## 第六節 結論

以本章三個觀念與作法，可以迅速地建立適應不同工程及業主的「個性化營建管理資訊整合系統」，先前已成功的應用在焚化廠、抽水站以及汙水處理廠等三種不同的建廠營建工程中，不但提高了個人的工作效率、精簡了組織人力、還同時協助所有參與工程的工程師整合相關資訊，提升了整體的工作效能，是學習建廠工程知識技能中，必備的觀念與技能。

以本章所學概念，建立「個性化營建管理資訊整合系統」，應用到建廠工程中，不但節省人力，更能減少文件錯誤的發生，工作上將會無往不利，完工後的資料整理，更可為建廠工程畫上美好的句點。

## 問題與討論

1. 為什麼資料庫的欄位，一定要有一欄是「關鍵資料欄」？
2. 試著練習如何利用 Word 合併列印的功能，由資料庫來列印所需文件？
3. 試著練習如何利用 Excel 的 Vlookup，來連繫或彙整資料庫的資料？
4. 除了建廠工程，日常生活或工作上，還有哪些可以利用本章的觀念來建立所需要的文件報表？

國家圖書館出版品預行編目(CIP)資料

建廠工程專案管理＝Project management for process plant construction／方偉光著. -- 初版. -- 臺北市： 五南圖書出版股份有限公司, 2024.03
面； 公分
ISBN 978-626-393-060-5(平裝)

1.工廠 2.建築工程 3.專案管理

441.48 113001429

1F1B

# 建廠工程專案管理

作　　者— 方偉光
發 行 人— 楊榮川
總 經 理— 楊士清
總 編 輯— 楊秀麗
副總編輯— 黃惠娟
責任編輯— 魯曉玟
封面設計— 姚孝慈
出 版 者— 五南圖書出版股份有限公司
地　　址：106台北市大安區和平東路二段339號4樓
電　　話：(02)2705-5066　傳　　真：(02)2706-6100
網　　址：https://www.wunan.com.tw
電子郵件：wunan@wunan.com.tw
劃撥帳號：01068953
戶　　名：五南圖書出版股份有限公司
法律顧問　林勝安律師
出版日期　2024年3月初版一刷
定　　價　新臺幣390元